高等高专电子信息类专业系列教材

集成电路封装技术

主编　卢　静　马岗强　何栩翊

参编　赵淑平　徐雪刚　徐守政　冯筱佳　杨毓军

刘睿强　李志贵　陈方艺

组编　朗讯科技教研团队

西安电子科技大学出版社

内 容 简 介

本书是按照“理论够用、突出实践、任务驱动、理实一体”的原则编写而成的。书中以集成电路芯片封装工艺流程为主线，以真实的项目为载体，每个项目以任务实施为导向，设置任务单、任务资讯、任务决策、任务计划、任务实施、任务检查与评价和教学反馈环节。

本书共四个项目。项目一为封装产业调研，包括封装的概念、封装的技术领域、封装的功能、封装的发展现状和国内产业状况等内容；项目二为 AT89S51 芯片封装，包括插装型元器件封装、表面贴装型元器件封装、晶圆贴膜、晶圆减薄与划片、芯片粘接与键合、塑料封装、飞边毛刺处理、激光打标、切筋成型、电镀等内容；项目三为功率三极管封装，包括气密性封装、非气密性封装、封帽工艺及操作等内容；项目四为大规模集成电路芯片封装，包括 BGA 封装、CSP 封装、FC 封装、MCM 封装、3D 封装、WLP 封装等内容。

本书既可作为高职高专院校集成电路专业课教材，也可作为相关专业的选修课教材。

图书在版编目(CIP)数据

集成电路封装技术 / 卢静，马岗强，何栩翊主编. —西安：西安电子科技大学出版社，2022.2(2025.7 重印)
ISBN 978-7-5606-6273-2

Ⅰ. ①集… Ⅱ. ①卢… ②马… ③何… Ⅲ. ①集成电路工艺—封装工艺 Ⅳ. ①TN405

中国版本图书馆 CIP 数据核字(2021)第 253054 号

策　　划　高　樱
责任编辑　高　樱
出版发行　西安电子科技大学出版社(西安市太白南路 2 号)
电　　话　(029)88202421　88201467　　邮　　编　710071
网　　址　www.xduph.com　　电子邮箱　xdupfxb001@163.com
经　　销　新华书店
印刷单位　西安日报社印务中心
版　　次　2022 年 2 月第 1 版　2025 年 7 月第 3 次印刷
开　　本　787 毫米×1092 毫米　1/16　印 张　12
字　　数　278 千字
定　　价　36.00 元
ISBN 978-7-5606-6273-2
XDUP 6575001-3

前　言

把学历证书与职业技能等级证书结合起来，探索实施“1+X”证书制度，是《国家职业教育改革实施方案》的重要改革部署。目前，我国集成电路封装产业进入了高速成长期，对封装专业人才和产业技术工人的需求也迅速增长。很多高职院校都开设了集成电路封装技术方面的课程，以期培养出适应新时代产业要求的高技能人才。但是基于“1+X”证书教育的参考书籍较少，配套的教材更少，为此，我们结合人才培养目标编写了此书。

本书是基于“1+X”职业技能等级证书配套编写，对应于“集成电路开发与测试”和“集成电路封装与测试”职业能力等级证书，编写的主要思路是以集成电路芯片封装工艺流程为主线，以不同封装技术的典型芯片产品制造过程为项目载体，系统地介绍了封装的概念、塑料封装工艺、金属封装工艺和先进的封装技术。本书的特色体现在：

(1) 在内容的选择上，每个项目安排都从工作场景出发，淡化学科性，克服封装技术教材中理论偏多、偏深的弊端，注重理论在实际工艺过程中的应用。

(2) 在编排形式上，采用任务驱动的方式。每个项目都由任务单布置项目任务，使读者带着问题去学习；然后提供任务资讯，给读者提供完成任务所需的知识工具；接着通过任务决策、任务计划、任务实施、任务检查与评价帮助读者完成任务，达到能力目标；最后以学生为中心，安排教学反馈环节，提高教学效果。

(3) 全书体现“实用、够用、新颖”的编写思想。内容与实际工作场景保持一致，体现“实用”的原则。理论内容尽量削减，体现“够用”的原则。书中的知识技能点与最新的前沿技术保持一致，扩展阅读部分反映行业热点和行业政策，关注集成电路制造行业产业发展的新业态、新模式、新技术、新工艺、新规范，结合专业特点，每个项目均有机融入劳动教育、工匠精神、职业道德等内容，实现“三全育人”，落实立德树人的根本任务，体现“新颖”的原则。

(4) 本书是“线上+线下”的一体化教材，依托于在线教育平台——智慧职教（www.icve.com.cn)。本书配套的丰富数字资源，包括 PPT 教学课件、测试题目、微课等均上传至平台，读者可以登录”智慧职教”进行学习。对于微课资源，读者可以通过手机等移动客户端扫描书中的二维码进行观看，部分资源也可联系编者获取。

本书由重庆电子工程职业学院卢静、马岗强、何栩翊主编。全书共四个项目，其中项目一、项目二由卢静编写，项目三由马岗强编写，项目四由何栩翊编写。全书由卢静负责统稿，赵淑平对全书进行了审核，徐守政、徐雪刚、冯筱佳、杨毓军、刘睿强、李志贵、陈方艺分别审阅了部分内容。

本书在编写过程中得到了重庆电子工程职业学院的领导和杭州朗讯科技有限公司行业专家的大力支持，书中参考和引用了多个学者和专家的著作及研究成果，在此向相关人员一并表示深深的敬意和感谢。

由于编写时间仓促，加之编者水平有限，书中难免有疏漏之处，恳请广大读者批评指正。

编 者

2021 年 9 月

目　　录

项目一　封装产业调研

职业能力目标

通过本项目的学习，应达成以下能力目标：

(1) 能够识别集成电路产品封装类型。

(2) 能够阐述集成电路封装的主要功能。

(3) 能够简单阐述集成电路封装的发展历史及各个阶段的典型封装类型。

(4) 能够阐述我国集成电路封装产业的发展现状、面对的机遇及挑战。

(5) 能够以严谨的科学态度和精益求精的工匠精神撰写相关报告。

(6) 能够达到与专业人员进行专业交流、协作的水平，并具备信息化处理数据及文档的能力。

项目引入

信息产业是我国的战略性、基础性和先导性支柱产业，而半导体集成电路(IC)技术则是电子信息技术的基石。近年来，随着半导体微电子技术的高速发展，在全球已逐渐形成了集成电路设计、集成电路制造和集成电路封装与测试三大产业群，成为半导体产业的三大支柱。在设计、制造、封装和测试相对独立的集成电路产业中，集成电路封装与测试产业群与前二者相比，属于高技术劳动密集型产业，每年需要大批高中级技术人才。同时，集成电路封装与测试涉及的学科技术范围广，带动的基础产业多，近年来在我国迅速发展。从统计的数据上来看，2020 年我国集成电路封装行业市场规模突破 2500 亿元，为我国经济发展贡献了巨大的力量。随着我国经济进入高质量发展阶段，各行各业不断提倡产业创新发展，我国集成电路封装行业也进入高质量发展阶段。行业投资主要用于技术创新、产品研发等方面，行业、企业加大相关的投资来增强市场竞争力，以获得更加广阔的市场。目前，行业内的投资规模仍持续扩大，预计投资增速将保持稳定的增长。我国封装行业发展规模如图 1-1 所示。

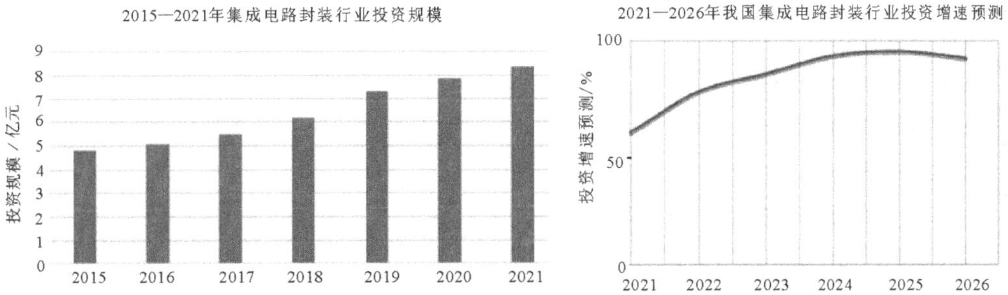

图 1-1　我国封装行业发展规模示意图

集成电路器件封装技术是多学科的融合技术，涉及材料、电子、热学、机械、化学等多种学科，是集成电路器件发展不可分割的重要组成部分，日益受到工业界与学术界的广泛关注与重视。

本项目主要介绍封装的概念、功能、技术领域及国内产业现状，要求读者对集成电路封装产业进行系统调研，通过完成项目任务，达到相应的能力要求。

1.1　任务一　封装产品市场调研

任务要求：

(1) 掌握封装的概念及分级。

(2) 了解封装的技术领域。

(3) 掌握封装的功能。

(4) 根据任务单要求进行任务计划及实施。

1.1　集成电路封装概述及流程

任务单

本任务需要完成对封装基础知识的了解，任务单内容如表 1-1 所示。

表 1-1　任　务　单

<table>
<tr><td>项目名称</td><td>封装产业调研</td></tr>
<tr><td>任务名称</td><td>封装产品市场调研</td></tr>
<tr><td colspan="2">任 务 要 求</td></tr>
<tr><td colspan="2">1. 任务开展要求。
(1) 任务开展方式为分组讨论，每组 3～5 人。
(2) 所需资料自行收集。
2. 完成封装产品的资料收集与整理。
3. 提交封装产品市场调研报告。</td></tr>
<tr><td colspan="2">任 务 准 备</td></tr>
<tr><td colspan="2">1. 知识准备。
(1) 封装的概念。
(2) 封装的技术领域。
(3) 封装的功能。
2. 设备支持。
在该任务实施过程中需要准备的工具包括：
(1) 仪表：无。
(2) 工具：电脑、书籍资料、网络。</td></tr>
</table>

续表

工 作 步 骤
(1) 小组成员破冰沟通，分析工作任务，根据成员特点完成任务分工。 (2) 小组成员根据分工各自完成相应任务。 (3) 小组成员再次合作制订调研方案。 (4) 与其他小组成员进行交流学习。 (5) 小组成员共同讨论并完成调研报告的编写。 (6) 小组成员展示调研报告。
总 结 与 提 高
1. 小组自评。 (1) 对组内的每个组员的工作作风进行相互评价。 (2) 分析组内分工的合理性。 2. 小组互评。 (1) 对其他小组项目内容进行评价及提问。 (2) 对其他小组成员的工作态度进行评价。 3. 拓展提高。 (1) 总结归纳评价意见，组内讨论完善方案。 (2) 提交调研报告，进一步规范调研报告的编写。

本任务需要先学习封装的概念、技术领域及功能，并通过查询资料进一步了解封装产品的市场情况。自主学习资讯单如表 1-2 所示。

表 1-2　自主学习资讯单

项目名称	封装产业调研
任务名称	封装产品市场调研
实施方式	资料查询、小组分工、小组讨论、组间交流、成果展示、项目评价、总结提高
任务资讯	(1) 什么是封装？ (2) 封装的层次是什么？ (3) 封装的技术领域有哪些？ (4) 封装的主要功能是什么？

任 务 资 讯

1.1.1　封装的概念

1. 概念

“封装”(Packaging，PKG)一词伴随着集成电路芯片制造技术的产生而出现，这一概念用于电子工程的历史并不久。在真空电子管时代，将电子管等器件安装在管座上构成电路设备的方法称为“组装或装配”，当时还没有“封装”的概念。

1947年，晶体管问世。1958年，第一块集成电路诞生，改写了电子工程的历史。集成电路中的半导体元器件细小易碎，但性能高且功能多、规格多，为了充分发挥它们的作用，需要对其补强、密封和扩大，以便实现与外电路可靠的电气连接，并使其获得有效的机械、绝缘等方面的保护，避免因外力或环境因素而被破坏。“封装”的概念正是在此基础上出现的。

集成电路芯片封装是指利用膜技术及微细加工技术，将芯片及其他要素在框架或基板上布置、黏结固定及连接，引出接线端子并通过可塑性绝缘介质灌封固定，构成整体立体结构的工艺，此概念称为狭义的封装。

广义的“封装”是指封装工程，即将封装体与基板连接固定，装配成完整的系统或电子设备，并确保整个系统综合性能的工程。

将基板技术、芯片封装体、分立器件等全部要素，按电子设备整机要求进行连接和装配，实现电子的或者物理的功能，使之转变为适用于整机或系统的形式，成为整机装置或设备的工程称为封装工程。图1-2所示为芯片封装结构图。

图1-2　芯片封装结构图

封装的目的在于保护芯片不受或少受外界环境的影响，并为之提供一个良好的工作环境，以使集成电路具有稳定、正常的功能。封装为芯片提供了一种保护，人们平时所看到的电子设备如计算机、家用电器、通信设备等中的集成电路芯片都是封装好的，没有封装的集成电路芯片一般是不能够直接使用的。

2. 封装分级

封装包括两个主要功能，一个是IC封装或者称为元器件封装，另一个是系统级封装。元器件封装包括连接、供电、冷却和对IC本身的保护，起到了芯片载体的作用。元器件封装并不意味着一个特定系统的完成，因为一个系统往往是由很多有源和无源器件组成的。系统级封装需要连接所有的器件，并将这些器件安装在系统级的印制电路板上。系统级的印制电路板也称作主板，其上不仅仅载有器件，同时也提供器件之间的连接，从而使整个系统成为具有特定功能的产品。

一般来说，集成电路器件的封装和互连可以分为四个等级：零级封装(晶片级的连接)、一级封装(单晶片或多个晶片组件或元器件的封装)、二级封装(印制电路板级的封装)和三级封装(整机的组装)，如图1-3所示。通常把零级和一级封装称为电子封装(技术)，而把二级和三级封装称为电子组装(技术)。随着导线和导电带与晶片间键合焊接技术的大量应用，一级封装和二级封装之间的界限已变得模糊。

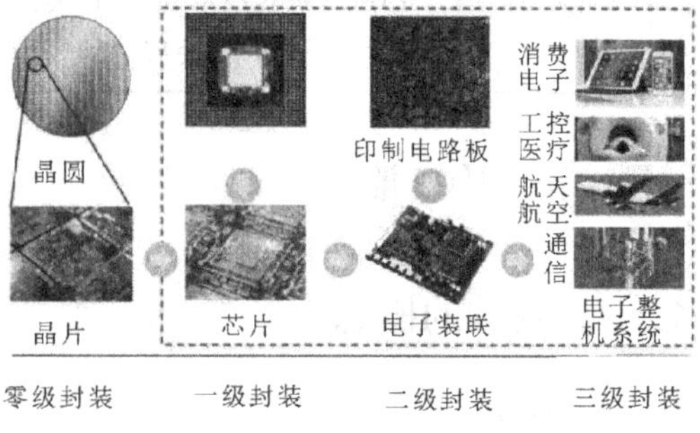

图1-3　封装分级

1) 零级封装

零级封装就是芯片内部连接，通常称为半导体制造，即利用微细加工技术将各单元器件按一定的规律制作在一块微小的半导体片上，进而形成半导体芯片的过程，也称为集成电路制造。

2) 一级封装

一级封装就是集成电路元器件的封装，通常所说的封装指的就是一级封装，也称作半导体制造后工程。一级封装不但要提供芯片保护，同时还要在一定的成本上满足不断增加的相关性能、可靠性、散热、功率分配等功能要求。封装的设计和制造对系统应用正变得越来越重要，封装的设计和制造从一开始就需要从系统入手以获得最佳的性能价格比。随着工业和消费类电子产品市场对电子设备小型化、高性能、高可靠性、安全性和电磁兼容性不断提出新的要求，元器件进一步向小型化、多层化、多引脚、大容量、耐高压、轻重量和高性能方向发展。

3) 二级封装

二级封装就是将元器件安装在印制电路板上的过程，即通常所说的组装。组装技术主要包括通孔组装技术(Through Hole Technology，THT)和表面贴装技术(Surface Mounting Technology，SMT)。从组装工艺技术的角度分析，SMT 和 THT 的根本区别是“贴”和“插”。此外，二者的差别还体现在基板、元器件、组件形态、焊点形态和组装工艺方法等方面。

THT 采用有引线元器件，通过把元器件引线插入印制电路板(Printed Circuit Board，PCB)上预先钻好的安装孔中，暂时固定后，在基板的另一面采用波峰焊接等软钎焊技术进行焊接，形成可靠的焊点，建立长期的机械和电气连接，元器件主体和焊点分布在基板两侧。插装型元器件如图 1-4 所示。

采用 SMT 时，表面组装元件/器件(SMC/SMD)无长引线，而设计有焊接端子(外电极或短引线)，在 PCB 或其他电路基板上设计了相应于元器件焊接端子的平面图形(焊盘图形)。SMT 是利用黏结剂或焊膏的黏性将 SMC/SMD 的焊接端子对准基板上的焊盘图形，把 SMC/SMD 贴到电路基板的表面上，通过回流焊等焊接方法进行焊接，使元器件端子和电路焊盘之间建立牢固可靠的机械与电气连接，元器件主体和焊点分布在基板同侧。贴装型元器件如图 1-5 所示。

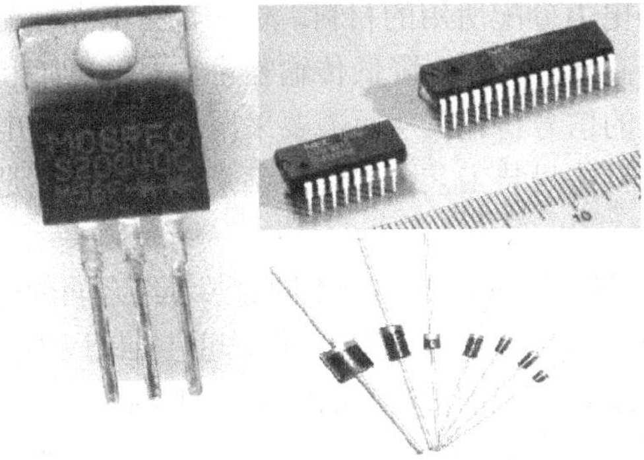

图 1-4　插装型元器件

图 1-5　贴装型元器件

之所以出现“插”和“贴”这两种截然不同的电路模块组装技术，是由于采用了外形结构和引脚形式完全不同的两种类型的电子元器件。因此，可以说电路模块组装技术的发展主要受元器件类型所支配。PCB 级电路模块或陶瓷基板组件的功能主要来源于电子元器件和互连导体组成的电路，而组装方式的变革使得 PCB 级电路模块或陶瓷基板组件的功能和性能的大幅度提高、体积大幅度减小成为可能。

SMT 具有以下优点：

(1) 组装密度高，电子产品体积小、重量轻，贴片元器件的体积和质量只有传统插装元器件的 1/10 左右。一般采用 SMT 之后，电子产品体积可缩小 40%～60%，重量可减轻 60%～80%。

(2) 可靠性高，抗振能力强。

(3) 焊点缺陷率低。

(4) 高频特性好。

(5) 抗电磁和射频干扰能力强。

(6) 易于实现自动化，提高生产效率，可降低 30%～50%的成本。

4) 三级封装

三级封装就是将组装好的板卡合成为一个整机系统的过程，即获得最终到达用户手中可以使用的产品。

1.1.2 封装的技术领域

封装工程与技术覆盖了几乎所有的科学技术领域，除了信息技术、工业技术外，它还涉及物理学、化学、电子工程、计算机工程、机械工程、材料科学与工程、化学工程、加工制造工程、商学、经济学以及管理学，甚至包括环境工程学。

封装主要包含三个方面的技术，即电学、材料科学与工程和机械学方面的技术。

电学方面的问题涉及晶体管之间的信号传输，也牵扯到各个晶体管和各个元器件之间的电力分配。电阻、电容、电感是引起信号延迟和失真的主要参数。信号衰减是由线路电阻引起的，线路电阻引起电压的降低，从而增加传输的时间。千万个晶体管同步开关所引起的电路电流的骤然变化会造成开关噪声。信号分配除了可能引起信号失真、反射和变形外，也会引起线路互相干扰。

材料科学与工程方面的问题涉及信号与电力分配所用的材料。例如，在电力分配时要求材料具有高电导率，器件的散热需要应用高导热材料，降低传输噪声需要低电感和高电容的电力分配线路。先进的电脑要求高速度的信号传输，从而需要采用具有最低介电系数的电解质。值得强调的是，黏结剂和密封材料在封装工艺中起到非常重要的作用，是保证器件通过环境测试的关键。

机械方面的问题主要是机械应力的产生与消除的问题。由于不同封装等级之间的电力分布不同以及在制造过程中使用不同性质的材料，因此必然会在界面中引起热机械应力。这个应力不单单产生于 IC 及系统的封装过程中，也会因气候因素在产品的运输和存储过程中产生，产品在使用过程中也会产生应力。因而有效的散热、IC 器件和系统级封装的冷却是解决热机械应力的关键。封装结构的稳定性是另一个机械问题，在制造过程中，良好的芯片焊接界面以及良好的印刷电路板焊接界面是保证器件结构稳定性的关键。热机械应力主要是由于各种不同材料在界面处的热膨胀系数(Coefficient of Thermal Expansion，CTE)的不匹配而产生的。

在提升微电子产品功能与层次的过程中，开发新型封装技术的重要性不亚于集成电路芯片设计与工艺技术，世界各国的电子工业都在全力研究开发，以期得到在该领域的技术领先地位。

1.1.3　封装的功能

为了保持电子仪器设备和家用电器使用的可靠性和耐久性，要求集成电路模块的内部芯片要尽量避免和外部环境空气接触，以减少空气中的水汽、杂质和各种化学物质对芯片的污染和腐蚀。根据这一设想，要求集成电路封装结构具有一定的机械强度，良好的电气性能、散热性能以及化学稳定性。

1. 提供机械支撑和环境保护

硅芯片的脆性大、耐受力差，通过封装可以防止外力对芯片的损害，还可以使芯片的CTE与框架或基板相匹配，这样就能缓解由于外部环境变化而产生的应力以及芯片在工作状态发热而产生的应力。

另外，芯片的有源器件主要集中在硅表面几微米厚度的区域。有源器件通过芯片表面的互连(铝或铜及其绝缘层)连接起来，如图 1-6 所示，这些区域很容易受到周边环境中的水汽或化学物质的侵蚀。因此，为避免芯片受到物理机械损伤或外界化学物质的侵袭，应尽可能地维持或不损伤芯片、电子元器件、功能部件的性能，这是封装的首要目的。

图 1-6　芯片内部互连(零级封装)

2. 传递电信号

封装是实现芯片与其外围元器件之间电气连接的重要手段。目前，芯片中金属氧化物半导体场效应管(Metal Oxide Semiconductor，MOS)的典型沟道尺寸已经达到 7 nm 以下，芯片的焊点尺寸达到 10^{-3} 数量级，芯片封装外部引脚尺寸达到毫米数量级，而印制电路的线宽也已达到毫米量级，它们之间的电信号传输、芯片电源驱动，都是通过封装和组装中的互连技术实现的。在这里，封装对电路起到由小到大、由难到易、由复杂到简单的变换作用，从而降低了材料费用和加工费用，提高了工作效率和可靠性。

随着芯片的功耗增加和电路高速化，业界对信号输入/输出波形完整性、稳定的电源火线和地线系统以及降低电磁干扰的需求与日俱增。对于电源端口，降低电源地线上的电感、直流电阻以及寄生电容尤为重要；对于信号布线，则力求增加 I/O 端数目、减少布线长度、实现阻抗匹配和削减 LCR(电感、电容、电阻)的离散。

3. 传递电能

传递电能，主要是指电源电压的分配和导通。封装首先要能接通电源，使芯片与电路导通电流。其次，集成电路封装的不同部位所需的电压有所不同，要能将不同部位的电压分配恰当，以减少电压的不必要损耗，这在多层布线基板上尤为重要，同时，还要考虑接地线的分配问题。

4. 提供散热通路

半导体芯片工作时会产生热量，因此封装可以提供散热通路。随着芯片的时钟频率提高、功能增加，在单位面积上的电力消耗也相应增加，对 IC 的散热也提出了更高要求，冷却散热功能成为应当强化的技术。当芯片的功耗在 2～3 W 以上时，应在封装上安装散热片或者散热器；若芯片的功耗在 5～10 W 以上，则必须强制冷却。

扩展阅读：长电科技

长电科技成立于 1972 年，前身是江阴晶体管厂，1994 年开始发展封装测试业务。早期，凭借分立器件的封装和测试业务，其发展速度超越了竞争对手通富和华天。2004 年，长电科技成立了长电先进，建成 Bumping 生产线。2005 年，长电先进又建立了国内首条晶圆级封装生产线。2014 年，长电科技与中芯国际合资成立中芯长电，一年后成功收购了全球第四大封测企业——星科金朋，至此中芯长电封装产业规模不断扩展，迅速成为国内第一、全球第三的封测企业。

任务计划

根据任务单要求、任务资讯内容以及收集整理的资料，填写表 1-3 所示的任务计划单。

表 1-3 任务计划单

项目名称	封装产业调研		
任务名称	封装产品市场调研	建议学时	2
计划方式	分组讨论		
序 号	任 务	时 间	负责人
1			
2			
3			
4			
5			
小组分工	讨论封装产品市场调研所涉及的环节及其主要任务，充分细化，并落实到具体的成员，在规定的时间节点进行检查		
计划评价			

任务决策

根据集成电路封装的基础知识的学习和理解，完成封装功能分析、封装产品的资料收集与整理，小组成员头脑风暴，提出完成调研报告的各种方案，并填入表1-4的任务决策单，对其进行分析和对比，最终选择最优方案。

表1-4　任务决策单

项目名称	封装产业调研			
任务名称	封装产品市场调研		建议学时	2
方案计划				
方案对比	序号	方案描述	可行性	
	…			
评语				

任务实施

首先需要完成与集成电路封装相关的资料收集任务，并将收集的资料作为调研报告的编制依据；再结合封装产业市场的实际情况，编制完成“封装产品市场调研报告”。实施具体任务时，可以参照表1-5所示的步骤进行。

表1-5　任务实施单

项目名称	封装产业调研		
任务名称	封装产品市场调研	建议学时	2
计划方式	分组讨论		
序号	实施步骤		
1	小组破冰讨论项目任务		
2	小组成员根据自身特点及项目需求分配任务		
3	查询并收集整理资料		
4	小组成员分析项目，选择合理的论证资料		
5	组间成员交流学习		
6	小组成员完成项目任务方案		
7	项目展示，交流学习，对比选择最优方案		
8	完成项目方案编写		
9	制作汇报PPT，归档		
10	总结		

在任务实施过程中，可以参照表 1-6 所示的内容进行资料的收集与整理。

表 1-6　“场景资料收集与整理”示例

行动目标	行动方式	行动成果	备注
收集封装产业相关资料	通过图书馆或网络查找相关资料并收集整理	封装的概念、类型及产业状况	课前独立完成

在任务实施的过程中，重要的工作内容可以参照表 1-7 所示的内容。

表 1-7　“封装产品市场调研报告”示例

项目名称	封装产业调研				
任务名称	封装产品市场调研				
封装的定义					
封装的层次					
封装的市场					
封装的技术领域					
封装产品	厂家	型号	封装类型	主要功能	
…					

任务检查与评价

完成任务实施后，可采用小组互评等方式进行任务检查，具体检查内容如表 1-8 所示。

表 1-8　任务评价单

项目名称	封装产业调研
任务名称	封装产品市场调研
考核方式	过程考核
说　明	主要评价成员在项目实施过程中的操作方式、理论知识、学习态度、课堂表现、学习能力等其他能力

续表

考核内容与评价标准						
序号	内容	评价标准			成绩比例/(%)	自评分
		优	良	合格		
1	基本理论掌握	掌握集成电路封装的概念和封装的层次分级，了解封装技术领域，掌握封装的主要功能	掌握集成电路封装的概念和封装的层次分级，了解封装技术领域，了解封装的主要功能	了解集成电路封装的概念和封装的层次分级，了解封装技术领域，了解封装的主要功能	30	
2	实践操作技能	熟练使用各种查询工具搜集和查阅集成电路封装基本知识的相关资料，快速准确分析调研任务，科学合理地进行调研方案可行性分析与调研方案论证，编写的调研报告较规范	较熟练使用各种查询工具搜集和查阅集成电路封装基本知识的相关资料，准确分析调研任务并结合项目任务要求完成调研方案论证，编写的调研报告较规范	会使用各种查询工具搜集和查阅集成电路封装基本知识的相关资料，能分析调研任务要求并进行市场调研	30	
3	职业核心能力	具有良好的自主学习能力和分析解决问题的能力	具有较好的学习能力和分析解决问题的能力	能够主动学习并收集信息，具备一定的分析解决问题的能力	10	
4	工作作风与职业道德	具有严谨的科学态度和工匠精神，能够严格遵守“6S”管理制度	具有良好的科学态度和工匠精神，能够自觉遵“6S”管理制度	具有较好的科学态度和工匠精神，能够遵“6S”管理制度	10	
5	小组评价	具有良好的团队合作精神及沟通交流能力，热心帮助小组其他成员	具有较好的团队合作精神和与人交流的能力，能帮助小组其他成员	具有一定的团队合作能力，能配合小组完成项目任务	10	
6	教师评价	包括以上所有内容	包括以上所有内容	包括以上所有内容	10	
合计					100	

教学反馈

任务结束后，可采用分组方式进行教学评价，具体内容如表1-9所示。

表 1-9　教学反馈单

项目名称	封装产业调研		
任务名称	封装产品市场调研	建议学时	2
序　号	调　查　内　容	是/否	反馈意见
1	知识点是否讲解清楚		
2	解答是否及时		
3	重难点是否突出		
4	课堂组织是否合理		
5	逻辑是否清晰		
本次任务的兴趣点			
本次任务的成就点			
本次任务的疑虑点			

1.2　任务二　封装的历史及现状一览

任务要求：

(1) 了解封装的发展历史及各个阶段的典型封装技术。

(2) 了解封装的发展趋势。

(3) 了解国内外封测产业现状。

(4) 根据任务单要求进行任务计划及实施。

1.2　常见封装类型与先进装封技术

任　务　单

本任务需要完成封装产业发展历史及现状的调研，任务单内容如表 1-10 所示。

表 1-10　任　务　单

项目名称	封装产业调研
任务名称	封装的历史及现状一览
任　务　要　求	
1. 任务开展要求 (1) 任务开展方式为分组讨论，每组 3～5 人。 (2) 所需资料自行收集。 2. 完成封装产业情况的资料收集与整理 3. 提交封装产业发展历史及现状的调研报告	

续表

任务准备
1. 知识准备 (1) 封装的发展历史。 (2) 封装的分类。 (3) 封装的现状。 2. 设备支持 在该任务实施过程中需要准备的工具包括： (1) 仪表：无。 (2) 工具：电脑、书籍资料、网络。
工作步骤
(1) 小组成员破冰沟通，分析工作任务，根据成员特点完成任务分工。 (2) 小组成员根据分工各自完成相应任务。 (3) 小组成员再次集合合作制订调研方案。 (4) 与其他小组成员进行交流学习。 (5) 小组成员共同讨论并完成调研报告的编写。 (6) 小组成员展示调研报告。
总结与提高
1. 小组自评 (1) 对组内的每个组员的工作作风进行相互评价。 (2) 分析组内分工的合理性。 2. 小组互评 (1) 对其他小组项目内容进行评价及提问。 (2) 对其他小组成员的工作态度进行评价。 3. 拓展提高 (1) 总结归纳评价意见，组内讨论完善调研报告。 (2) 提交调研报告，进一步规范调研报告的编写。

本任务需要先熟悉封装的分类及发展历史，并通过查询资料进一步了解封装产业的现状、国内产业发展的机遇及挑战。自主学习资讯单如表 1-11 所示。

表 1-11　自主学习资讯单

项目名称	封装产业调研
任务名称	封装的历史及现状一览
实施方式	资料查询、小组分工、小组讨论、组间交流、成果展示、项目评价、总结提
任务资讯	(1) 常见的封装的类型有哪些？ (2) 主要封装的用途及发展历史是什么？ (3) 封测的发展趋势是什么？ (4) 国内封装的产业现状如何？ (5) 国际封装的产业现状如何？

任务资讯

1.2.1 发展历史

自 1958 年世界上第一块半导体 IC 问世以来，在 60 多年时间里，微电子技术的核心代表——IC 技术已经历了五个时代，即小规模(SSI)、中规模(MSI)、大规模(LSI)、超大规模(VLSI)和甚大规模(ULSI)等时代的发展。但是，芯片并不是一个独立的工作体，为完成电路功能，它必须与其他芯片、外围电路相连接；由于集成度的迅速提高，一个芯片可以有几百条 I/O 端口，信号传输的延时及信号的完整性成为十分突出的问题；随着集成度的提高，单位芯片尺寸产生的热量也急剧增大，如何及时有效地散热，保证芯片电路能在允许温度以下正常工作，就成为一个十分重要的问题；此外，为了保证芯片电路能在恶劣环境下(水汽、化学介质、辐射、震动等)工作，也需要对芯片电路进行特殊保护。由此可见，要充分发挥芯片的性能，必须解决上述几方面的问题，对芯片进行封装是必不可少的。但是，如前所述必须清楚地认识到对芯片所进行的封装与互连绝不会增加信号强度，也不会改进芯片的性能，而只会限制其性能的发挥。因此，集成电路封装必须能够赶上芯片发展的步伐，把封装对芯片性能的影响降到最低。

集成电路封装技术是伴随着芯片的进步而发展起来的。一代芯片需要相应的一代封装，它的发展史就是芯片性能不断提高、系统不断小型化的历史。以半导体封装为例，其大致可分为以下几个发展阶段，每个阶段都有其典型的封装形式。

第一个阶段可从 20 世纪 50 年代的晶体管封装开始追溯到 1947 年世界上发明的第一只半导体晶体管为止。半导体晶体管以三根引线的 TO 型外壳封装为主，工艺主要是金属玻璃封装工艺。随着晶体管的日益广泛应用，晶体管取代了电子管的地位，工艺技术也日臻完善。随着电子系统的大型化、高速化、高可靠要求的提高(如电子计算机)，必然要求电子元器件小型化、集成化。这时的科学家们一方面不断地将晶体管越做越小，电路间的连线也相应缩短；另一方面，电子设备系统众多的接点严重影响整机的可靠性，使科学家们想到将大量的无源器件和连线同时制备的方法，制成所谓的二维电路方式，这就是后来形成的薄膜或厚膜集成电路，再装上有源器件的晶体管，就形成了混合集成电路(Hybrid Integrated Circuit，HIC)。

第二个阶段为 20 世纪 70 年代的通孔插装(Through-Hole Technology，THD)时代，此时封装的元器件可由人工用手插入 PCB 的通孔中。在此阶段，集成电路由集成 100 个以下的晶体管或门电路的小规模集成电路(Small Scale Integration，SSI)迅速发展成集成数百至上千个晶体管或门电路的中等规模集成电路(Medium Scale Integration，MSI)，相应的 I/O 端口也由数个发展到数十个，因此，要求封装引线越来越多。20 世纪 60 年代人们开发出了双列直插式封装(Double In-line Package，DIP)，这种封装结构很好地解决了陶瓷与金属引线的连接，热性能、电性能俱佳。DIP 一出现就赢得了 IC 厂家的青睐，很快得到了推广应用，其 I/O 引线有 4～64 只引脚，而其系列产品很快应运而生，成为 20 世纪 70 年代中小规模 IC 电子封装系列的主导产品。封装材料前期主要是陶瓷封装，为了降低成本，后期推出了塑封技术，其不足之处是信号频率较低，组装密度难以提高，不能满足高效率自动化生产的要求。典型的通孔插装的封装形式除包括 DIP 外，还有 SIP、ZIP、PGA 等，如表 1-12 和图 1-7 所示。

表 1-12　通孔插装型元器件封装

类型	名　称			特　征	
通孔插装型(TDH)	缩写	英文名称	中文名称	材质	针脚或引脚间距
	DIP	Dual In-line Package	双列直插式封装	P/C	2.54 mm
	SIP	Single In-line Package	单列直插式封装	P	2.54 mm
	ZIP	Zigzag In-line Package	Z 型直插式封装	P	2.54 mm
	S-DIP	Shrink DIP	紧缩式双列直插式封装	P	1.778 mm
	SK-DIP	Skinny Dual In-line Package	薄型双列直插式封装	P/C	2.54 mm 宽度方向引线间距缩短 1/2
	PGA	Pin Grid Array	针栅阵列封装	C	2.54 mm

注：P 代表塑料封装，C 代表陶瓷封装。

DIP

ZIP

PGA

图 1-7　几种典型通孔插装封装

第三个阶段是 20 世纪 80 年代开始的表面贴装技术(Surface Mount Technology，SMT)时代，芯片以 VLSI 为代表，SMT 时代的代表是小外形封装(SOP)和四边引脚扁平封装(QFP)，可以在 PCB 的两面进行组装，大大提高了引脚数和组装密度，是封装技术的一次革命。当时的贴装技术由日本主导，周边引脚的间距为 1.0 mm、0.8 mm、0.65 mm、0.5 mm、0.4 mm。SMT 技术具有引线短、引线细、间距小、封装密度高、电性能好、体积小、重量轻、厚度小、易于自动化生产等优点，但是在封装密度、I/O 端口数目以及电路工作频率方面，难以满足高性能的 ASIC、微处理器芯片发展的需要。与此同时，各类表面贴装元器件(SMC/SMD)电子封装也如雨后春笋般出现。诸如无引线陶瓷芯片载体 (Leadless Ceramic Chip Carrier，LCCC)、塑料短引线芯片载体(Plastic Leaded Chip Carrier，PLCC)和四边扁平引线封装(Quad Flat Package，QFP)等，并于 20 世纪 80 年代初达到标准化，形成批量生产。由于改性环氧树脂材料的性能不断提高，使封装密度高、引线间距小、成本低，适于大规模生产并适合用于 SMT，从而使塑封四边扁平引线封装(Plastic Quad Flat Package，PQFP)迅速成为 20 世纪 80 年代电子封装的主导产品，I/O 端口也高达 208～240

个。用于 SMT 的中、小规模 IC 的封装 I/O 端口数较小的 LSI 芯片采用了由荷兰菲利浦公司 20 世纪 70 年代研制开发出的小外形封装(Small Outline Package，SOP)，这种封装适于 SMT 的 DIP 变形，各种表面贴装型封装类型如表 1-13 和图 1-8 所示。

表 1-13　表面贴装型元器件封装

类型	名称			特征	
	缩写	英文名称	中文名称	材质	针脚或引脚间距
表面贴装型(SMT)	QFP	Quad Flat Package	四边引脚扁平封装	P	1.0 mm 0.8 mm 0.65 mm 4 方向引线
	FPG	Flat Package of Glass	玻璃扁平封装	C	1.27 mm 0.762 mm 2 方向引线 4 方向引线
	LCC	Leadless Chip Carrier	无引线片式载体	C	1.27 mm 1.016 mm 0.762 mm
	PLCC	Plastic Leaded Chip Carrier	塑料封装有引线片式载体	P	1.27 mm J 形弯曲 4 方向引线
	SOP	Small Outline Package	小外形封装	P	1.27 mm J 型弯曲
	SOJ	Small J-lead Package	J 型引脚封装	P	1.27 mm J 型弯曲

注：P 代表塑料封装，C 代表陶瓷封装。

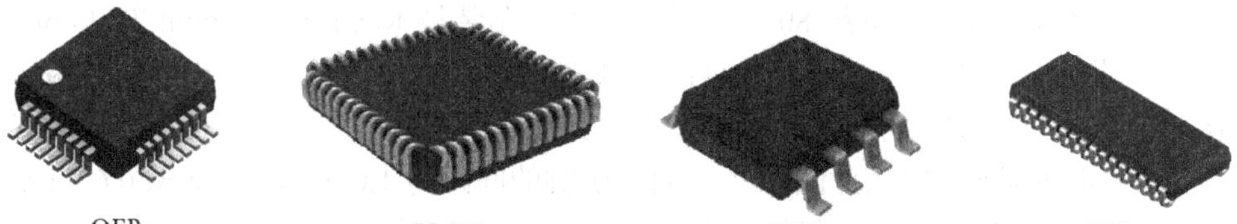

图 1-8　几种典型表面贴装封装

第四个阶段以 20 世纪 90 年代的球栅阵列(BGA)封装和针栅阵列(PGA)封装为标志，目前实现了芯片尺寸封装(CSP)。BGA 的焊锡球是作为连接点而被排列在封装体的下表面，从而极大地提高了表面安装封装的 I/O 终端数量。现代的小型手提电子产品要求更小、更薄和更轻的产品封装，因而就出现了 CSP，又称为 μBGA，其封装体的尺寸与芯片的尺寸相近。BGA 封装的引脚间距为 1.5 mm 和 1.27 mm 两种。引脚间距的扩大降低了失效率并提高了生产效率，BGA 封装的安装密度达到 40～60 引脚/cm。BGA 封装和 CSP 具有电性能优良、散热快、I/O 数目多等特点，是目前芯片封装的主流。

20 世纪 90 年代以来，专用的 IC 模块迅速向 MCM 发展，即把多块裸芯片组装在一块高密度多层布线的基板上，并封装在同一外壳中。MCM 被认为是当代电子封装的一次革命，发展势头良好，已形成 MCM-L、MCM-C、MCM-D、MCM-D/C 等多种形式，如表 1-14 所示。各种不同类型的封装发展时间如表 1-15 所示。

表 1-14　先 进 封 装

类型	名　称			外　观
	缩写	英文名称	中文名称	
先进封装类型	BGA	Ball Grid Array	球栅阵列封装	
	CSP	Chip Scale Package	芯片尺寸封装	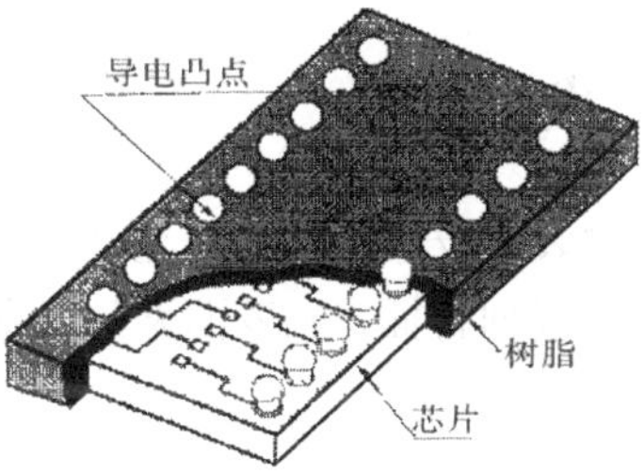
	MCM	Multi Chip Module	多芯片组装	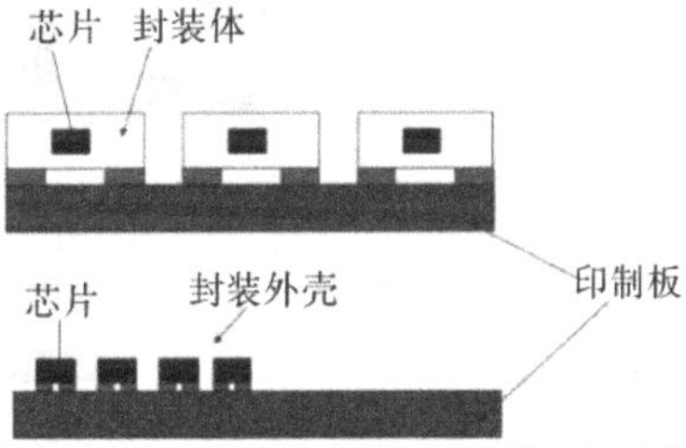
	3D	Three Dimensional Package	三维封装	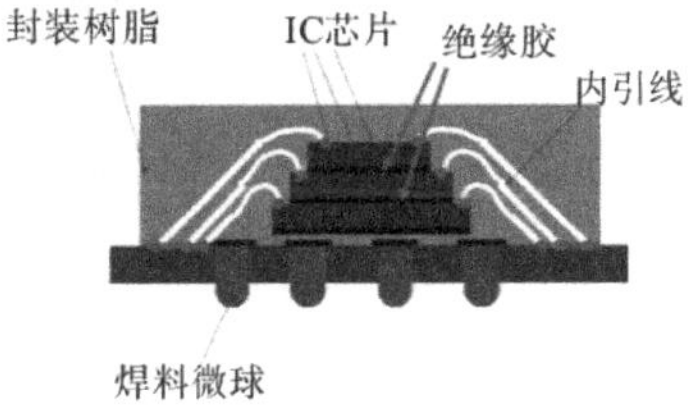
	WLP	Wafer Level Package	晶圆级封装	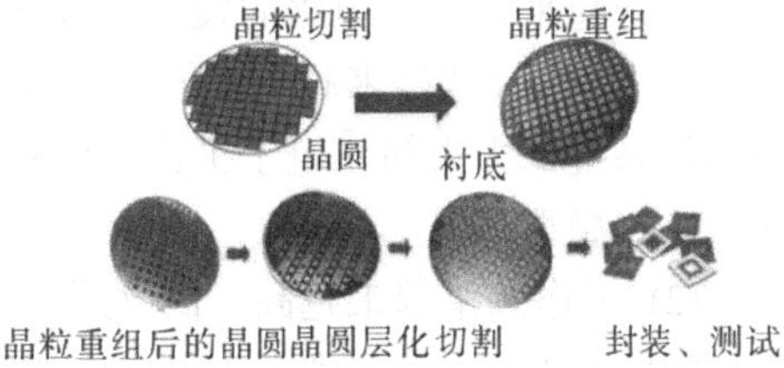

表 1-15　封装发展时间表

全　称	盛 行 时 期
Dual In-line Package	20 世纪 80 年代以前
Small Out-line Package	20 世纪 80 年代
Quad Flat Package	1995—1997 年
Tape Automated Bonding	1995—1997 年
Chip on Board	1996—1998 年
Chip Scale Package	1998—2000 年
Flip Chip	1999—2001 年
Multi-Chip Model，System in Package	2000 年至今
Wafer Level CSP，Through Silicon Via	2000 年至今

1.2.2 发展趋势

从封装的发展历史可以看出，其发展趋势是：引脚越来越多、越来越密，从简单的几个引脚到双列直插，到表面两边贴装、四边贴装、BGA，再到 SCP、WLP，如图 1-9 所示。

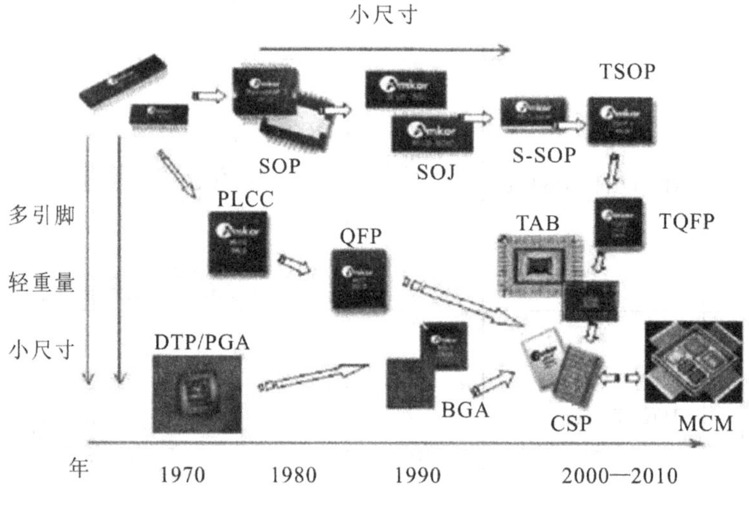

图 1-9　封装发展时间图

综合起来，集成电路的发展主要表现在以下几个方面：

(1) 芯片尺寸越来越大。芯片尺寸的增大有利于提高集成度，增加片上功能，最终实现芯片系统，大大简化电子机器的结构，降低成本，但对封装技术提出更高要求，不利于低成本、微型化。

(2) 工作频率越来越高。IC 的集成度平均每一年半翻一番，现已实现在一个芯片上集成 16 亿个半导体元器件的超大规模集成电路。为了适应高速化发展，必须解决许多封装上的难题，尽量减少封装对信号延迟的影响，提高整机的性能。

(3) 发热量日趋增大。高速化和高集成化必然导致设备功耗日益增大。虽然降低电源电压可以减小功耗，但作用有限，且技术难度很大，必须从封装进行突破，既要有利于散热并满足长期可靠性，又不致扩大封装尺寸、增加重量、提高成本，这是难度很大而又必须解决的课题。

(4) 引脚越来越多。在今后的十年里，高性能的 IC 引脚可能增加到 4 000 个，封装如此之多的引脚的确是个大难题。

随着集成电路产业的高速发展，芯片上集成的功能日益增多，更有甚者会把整个系统的功能都集成在一块芯片上。同时，为了轻便或者便于携带，系统被要求做得很小。小型化是促进消费类产品、手机及电脑等产品发展最强有力的动力。当前有一半以上的电子系统是便于携带的。集成电路的发展，对电子元器件的封装技术也提出了越来越高的要求。

1.2.3　国内封测产业发展现状

目前，我国封装测试业(简称封测业)整体呈稳步增长态势。最初的集成电路封测业，在集成电路产业链中的技术和资金门槛相对较低，属于产业链中的“劳动密集型”。由于我国发展集成电路封装业具有成本和市场地域优势，封测业相对发展较早。在优惠政策鼓励和政府资金支持下，外资企业在我国设厂，海外归国留学人员纷纷回国创办企业，各种资本大量投资集成电路企业，使得我国集成电路设计业、晶圆制造业也取得了长足的发展。

目前我国已形成集成电路设计、晶圆制造和封装测试三业并举的发展格局，封测业的技术含量越来越高，在集成电路产品的成本中占比也日益增加。我国的封测业一直占据我中国集成电路产业市场的半壁江山。在 2001—2020 年间，我国封测业除了 2008 年和 2009 年有小幅下滑以外，每年的增长率均高于 8%。近几年，国内集成电路设计业和晶圆制造业增速明显加快，封测业增速相对缓慢，但封测业整体规模处于稳定增长阶段。据我国半导体行业协会(CSIA)统计，我国近几年封测业销售额增长趋势如图 1-10 所示。从图中可以看出，从 2012 年起，国内封测业销售额已超过 1000 亿元，2020 年销售额达 2300 亿元。

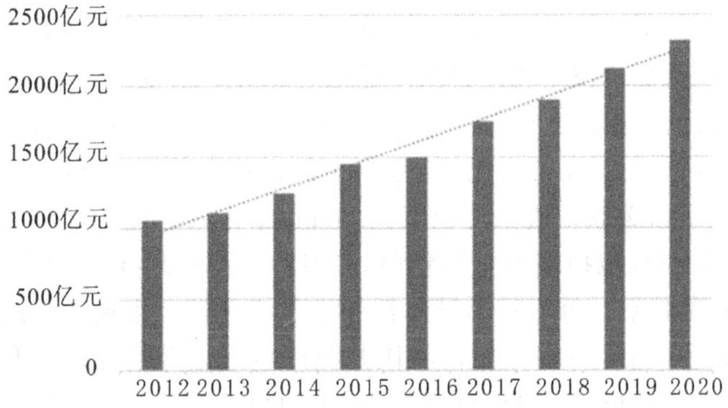

图 1-10　2012—2020 年国内封测业销售额增长趋势

图 1-11 给出了 2014—2020 年集成电路产业结构分布，从图中可以看出，封测业仍然是集成电路产业链中占比最大的环节，占集成电路产业比重的 30%～40%。我国未来集成电路产业将会不断优化产业结构，在保持封测业持续增长的情况下，集成电路设计业、晶圆制造业的占比增加，整个产业的销售“蛋糕”将加大。

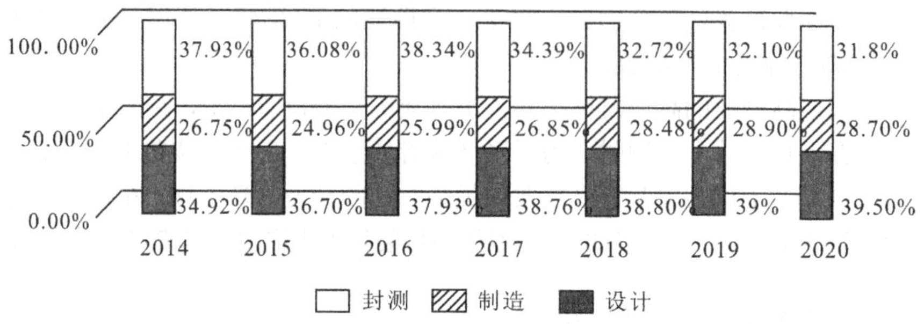

图 1-11　2014—2020 年集成电路产业结构分布

过去，国内企业的技术水平和产业规模落后于业内领先的外资、合资企业，但随着时间的推移，国内企业的技术水平发展迅速，产业规模得到进一步提升。业内领先的企业，如长电科技、通富微电、华天科技等三大国内企业的部分技术水平已经与海外同步，如铜制程技术(用铜丝替代金丝，节约成本)、晶圆级封装等。在量产规模上，BGA 封装在三大国内封测企业都已经批量生产，WLP 封装也有亿元级别的订单，SIP 系统级封装的订单量也在亿元级别。长电科技 2013 年已跻身全球第六大封测企业，排名较 2012 年前进一位。其他企业也取得了很大发展。目前，国内三大封测企业凭借资金、客户服务和技术创新能力，已与业内领先的外资、合资企业一并位列我国封测业第一梯队；第二梯队则是具备一定技术创新能力、高速成长的中等规模的国内企业，该类企业专注于技术应用和工艺创新，主要优势在低成本和高性价比；第三梯队是技术和市场规模均较弱的小型企业，缺乏稳定的销售收入，但企业数量却最多。

1.2.4　国内封测产业机遇与挑战

目前我国封测业正迎来前所未有的发展机遇。 2017 年，我国集成电路封测、制造和设计的营收占比分别为 38.3%、26.8%、34.9%。相比世界 IC 产业三业的合理占比 3∶4∶3，我国封测行业占比偏高，说明我国封测产业相对先进，而 IC 制造相比世界平均水平差距较大。封测行业市场份额高度集中，马太效应显现，急需并购提升行业集中度。2018 年全球封测企业(OSAT)十大厂商市占比率超过 80%，行业高度集中。因为 OSAT 与 Foundry(代工厂)在产业链上紧密关联，依靠台积电在 Foundry 市场超过 50%份额的垄断地位，我国台湾地区在 OSAT 市场也扮演着主导角色。2018 年前十大 OSAT 厂商中，我国共 8 家，美国 1 家，新加坡 1 家。而随着半导体行业进入成熟期，市场竞争越发激烈，马太效应越发显著，导致近年行业并购频发，我国封测厂也通过并购迅速提升自身技术实力和规模。图 1-12 给出了 2018 年全球营收排名前十的封测企业，其中日月光、安靠及长电科技位列前三。

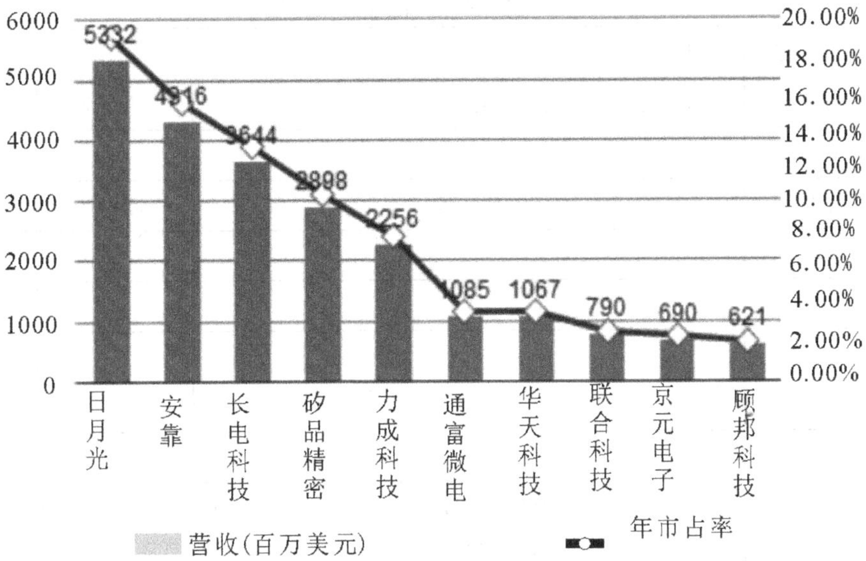

图 1-12 2018 年全球营收排名前十封测企业

近年来国家出台了一系列有关政策文件，进一步加大了对集成电路产业的支持。国内新兴产业市场的拉动，也促进了集成电路产业的大发展。此外，由于全球经济恢复缓慢，加上人力成本等诸多原因，国际半导体大公司产业布局正面临大幅调整，封测企业的并购动作频繁发生，如力成集团 2017 年收购 MicronAkita，日月光集团 2017 年收购矽品，安靠集团 2016 年收购欧洲封测龙头 Nanium 等。国内封测企业通过并购和自身研发，迅速拉近与海外企业的差距。如长电科技通过并购星科金朋拥有了 SIP、TSV、Fan-out 等先进封装技术。目前国内封装龙头的先进封装的产业化能力已经基本形成，只是在部分高密度集成等先进封装上与国际先进企业仍有一定差距。同时通过并购，我国封测企业快速获得了海外客户资源，实现了跨越式发展。

扩展阅读：日月光科技

日月光集团是目前全球规模最大的封测企业。全球营运据点涵盖中国、韩国、马来西亚、新加坡、日本、美国、墨西哥及欧洲多个主要城市。目前，日月光集团在我国上海市、苏州市、昆山市和威海市均设有半导体封装、测试、材料及电子工厂。

日月光集团向客户提供 IC 及系统两大类的服务，其服务范围包括基板设计、制造、测试(前段测试、晶圆针测、成品测试)、封装(封装及模组设计、IC 封装、多晶片封装、微型及混合型模组、记忆体封装)、模组及主机板设计、产品及系统设计、系统整合、后勤管理。

任务计划

根据任务单要求、任务资讯内容以及收集整理的资料，填写表 1-16 所示的任务计划单。

表 1-16　任务计划单

项目名称	封装产业调研		
任务名称	封装的历史及现状一览	建议学时	2
计划方式	分组讨论		
序号	任　务	时　间	负责人
1			
2			
3			
4			
5			
小组分工	讨论项目调研中所涉及的环节及其主要任务，充分细化，并落实到具体的成员，在规定的时间节点进行检查		
计划评价			

任务决策

根据对集成电路封装历史、趋势及现状的学习和理解，完成封装产业了解、资料收集与整理，结合不同发展时期的典型封装产品，提出完成调研报告的各种方案，并对其进行分析和对比，最终选择最优方案，填写表 1-17 所示的任务决策单完成任务决策。

表 1-17　任务决策单

项目名称	封装产业调研			
任务名称	封装的历史及现状一览		建议学时	2
方案计划				
方案对比	序号	方案描述	可行性	
	…			
评语				

任务实施

首先需要完成与集成电路封装产业状况相关的资料收集任务，并将收集的资料作为调研报告的编制依据；再结合封装产业调研的实际需求，编制完成“封装产业调研报告”。实施任务时，可以参照表 1-18 所示的步骤进行。

表 1-18　任务实施单

项目名称	封装产业调研		
任务名称	封装的历史及现状一览	建议学时	2
计划方式	分组讨论		
序号	实 施 步 骤		
1	小组破冰讨论项目任务		
2	小组成员根据自身特点及项目需求分配任务		
3	查询并收集整理资料		
4	小组成员分析项目，选择合理的论证资料		
5	组间成员交流学习		
6	小组成员完成项目任务方案		
7	项目展示，交流学习，对比选择最优方案		
8	完成项目方案编写		
9	制作汇报 PPT，归档		
10	总结		

在任务实施过程中，可以参照表 1-19 所示的内容进行资料的收集与整理。

表 1-19　“场景资料收集与整理”示例

行动目标	行动方式	行动成果	备注
收集常见封装产业状况的相关资料	通过图书馆或网络查找相关资料并收集整理	封装的产业现状、主要封装企业及封装产业的发展前景	课前独立完成

在任务实施过程中，重要的工作内容可以参照表 1-20 所示的内容。

表 1-20　“封装产业调研报告”示例

项目名称	封装产业调研				
任务名称	封装的历史及现状一览				
封装企业名称	国家	产业规模	主要产品		产品应用场景
封装类型	出现时间		技术特征		

续表

	封装的发展趋势
1	
2	
3	
…	
	封装产业国内外现状
1	
2	
3	
…	
(可添加)	

任务检查与评价

完成任务实施后，可采用小组互评等方式进行任务检查，具体检查内容如表1-21所示。

表1-21 任务评价单

项目名称	封装产业调研					
任务名称	封装的历史及现状一览					
考核方式	过程考核					
说明	主要评价成员在项目实施过程中的操作方式、理论知识、学习态度、课堂表现、学习能力等其他能力					
考核内容与评价标准						
序号	内容	评价标准			成绩比例/(%)	自评分
		优	良	合格		
1	基本理论掌握	了解集成电路封装的发展历史、典型封装技术，了解封装的发展趋势，了解封装产业面临的机遇与挑战	理解集成电路封装的发展历史、典型封装技术，了解封装的发展趋势，了解封装产业面临的机遇与挑战	理解集成电路封装的发展历史、典型封装技术，理解封装的发展趋势，理解封装产业面临的机遇与挑战	30	
2	实践操作技能	熟练使用各种查询工具搜集和查阅系统相关资料，快速准确分析系统功能，科学合理地进行产业调研的分析与调研方案论证，编写的调研报告较规范	较熟练使用各种查询工具搜集和查阅集成电路封装基本知识的相关资料，准确分析项目任务并结合项目任务要求完成调研方案论证，编写的调研报告较规范	会使用各种查询工具搜集和查阅项目任务相关资料，能分析项目任务要求并进行产业调研	30	

续表

序号	内容	评价标准			成绩比例/(%)	自评分
		优	良	合格		
3	职业核心能力	具有良好的自主学习能力和分析解决问题的能力	具有较好的学习能力和分析解决问题的能力	能够主动学习并收集信息，具备一定的分析解决问题的能力	10	
4	工作作风与职业道德	具有严谨的科学态度和工匠精神，能够严格遵守“6S”管理制度	具有良好的科学态度和工匠精神，能够自觉遵守“6S”管理制度	具有较好的科学态度和工匠精神，能够遵守“6S”管理制度	10	
5	小组评价	具有良好的团队合作精神，沟通交流能力，热心帮助小组其他成员	具有较好的团队合作精神和与人交流的能力，能帮助小组其他成员	具有一定的团队合作能力，能配合小组完成项目任务	10	
6	教师评价	包括以上所有内容	包括以上所有内容	包括以上所有内容	10	
合计					100	

教学反馈

任务结束后，可采用分组方式进行教学评价，具体内容如表1-22所示。

表1-22 教学反馈单

项目名称	封装产业调研		
任务名称	封装的历史及现状一览	建议学时	2
序号	调查内容	是/否	反馈意见
1	知识点是否讲解清楚		
2	解答是否及时		
3	重难点是否突出		
4	课堂组织是否合理		
5	逻辑是否清晰		
本次任务的兴趣点			
本次任务的成就点			
本次任务的疑虑点			

项目二　AT89S51 芯片封装

职业能力目标

通过本项目的学习，应达成以下能力目标：

(1) 能够识别常见的芯片封装，能够简略画出常见芯片封装的结构。

(2) 能够描述封装的工艺流程及工艺的主要作用。

(3) 能够操作常见的封装工艺设备。

(4) 能够对封装设备进行日常维护。

(5) 能够协同团队成员处理常见故障。

(6) 能够判别常见的不同工艺中的产品缺陷并能够分析原因，并以创新的精神提出解决方案。

(7) 能够以严谨的科学态度和精益求精的工匠精神撰写相关报告。

(8) 能够使用精准的专业语言与专业人员进行交流。

项目引入

21 世纪以来，我国集成电路产业出现了蓬勃生机，进入了高速成长期，呈现出三大特点：一是生产规模不断扩大，2000 年至今，集成电路产量和销售收入年均增长速度超过 30%，成为同期全球最高；二是技术水平提高较快，芯片制造技术的特征尺寸从 0.5 μm 提高到 5 nm；三是国有企业、民营企业、外资企业中的 IC 企业竞相发展，产业集中度不断提高，形成长三角地区、环渤海地区、珠江三角洲地区和西部地区的四大板块格局。在集成电路产业中，封装测试业在国内 IC 产业中占有重要地位，2020 年占国内 IC 产业的 56%，在西部地区这一比重更高。

基于双列直插式封装(DIP)的 AT89S51 是一个低功耗、高性能的 CMOS 8 位单片机，片内含 4 KB 的可反复擦写 1000 次的 Flash 只读程序存储器，芯片内集成了通用 8 位中央处理器和 ISP Flash 存储单元。功能强大的微型计算机的 AT89S51 为许多嵌入式控制应用系统提供了高性价比的解决方案。

目前 AT89S51 单片机多采用 40 个引脚的双列直插式封装(DIP)，如图 2-1 所示。此外，还有 44 个引脚的 PLCC 和 TQFP 封装方式的芯片。

本项目中以 AT89S51 芯片为载体，系统地介绍了芯片的塑料封装工艺，读者通过完成不同的学习任务，达到能力目标要求。

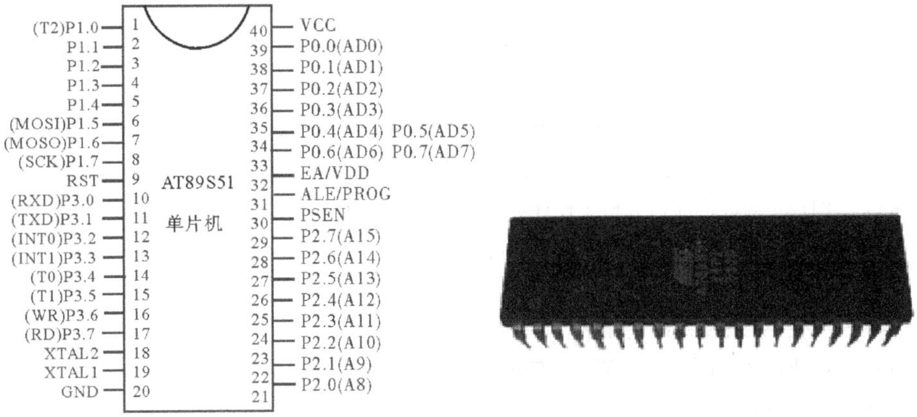

图 2-1　AT89S51 引脚图及封装

2.1　任务一　AT89S51 芯片封装类型比选

任务要求：

(1) 掌握双列直插式封装(DIP)、四边扁平引脚封装(QFP)等常见的集成电路封装结构及特点。

(2) 了解表面贴装元器件和插装元器件的特点及应用场合。

(3) 根据任务单要求进行任务计划及实施。

任　务　单

本任务需要根据 AT89S51 的功能要求选择合理的封装形式，任务单内容如表 2-1 所示。

表 2-1　任　务　单

项目名称	AT89S51 芯片封装
任务名称	AT89S51 芯片封装类型比选
任 务 要 求	
1. 任务开展要求。 (1) 任务开展方式为分组讨论，每组 3～5 人。 (2) 所需资料自行收集。 2. 完成芯片封装类型的资料收集与整理。 3. 提交 AT89S51 芯片封装类型比选方案。	
任 务 准 备	
1. 知识准备。 (1) DIP、QFP 等常见的集成电路封装结构及特点。 (2) 表面贴装器件和插装器件的特点及应用场合。 2. 设备支持。 在该任务实施过程中需要准备的工具包括：	

续表

(1) 仪表：无。 (2) 工具：电脑、书籍资料、网络。
工 作 步 骤
(1) 小组成员破冰沟通，分析工作任务，根据成员特点完成任务分工。 (2) 小组成员根据分工各自完成相应任务。 (3) 小组成员再次合作制订比选方案。 (4) 与其他小组成员进行交流学习。 (5) 小组成员共同讨论并完成比选方案的编写。 (6) 小组成员展示比选方案。
总 结 与 提 高
1. 小组自评。 (1) 对组内的每个组员的工作作风进行相互评价。 (2) 分析组内分工的合理性。 2. 小组互评。 (1) 对其他小组项目内容进行评价及提问。 (2) 对其他小组成员的工作态度进行评价。 3. 拓展提高。 (1) 总结归纳评价意见，组内讨论完善方案。 (2) 提交比选方案，进一步规范比选方案的编写。

本任务需要先熟悉常见的插装芯片与贴装芯片的结构及特点，并通过查询 AT89S51 的作用需求，进而进行合理的封装设计及选择。自主学习资讯单如表 2-2 所示。

表 2-2　自主学习资讯单

项目名称	AT89S51 芯片封装
任务名称	AT89S51 芯片封装类型比选
实施方式	资料查询、小组分工、小组讨论、组间交流、成果展示、项目评价、总结提高
任务资讯	(1) 插装型元器件封装的概念及特点； (2) 晶体管 TO 封装的主要特点及应用； (3) SIP 封装及 DIP 封装的主要特点及应用； (4) PGA 封装的主要特点及应用； (5) 贴装型元器件的封装概念及特点； (6) SOP 封装的主要特点及应用； (7) 无引脚封装的主要特点及应用； (8) QFP 封装的主要特点及应用； (9) AT89S51 的主要功能及封装的选择

任务资讯

2.1.1　插装型元器件封装

插装型封装指安装过程中，采用插入型元器件引脚时，一般需要焊接与基板连接的封装形式，如图 2-2 所示。

图 2-2　插装型元器件封装

尽管近年来插装型元器件的封装，特别是塑料型双列直插式封装(PDIP)在所有封装的占比不到 10%，但插装型元器件与贴装型元器件(SMD)在同一块基板上仍然要使用相当长的时间。而且，近几年 PDIP 的减少速度正在变慢，在各类大量民用产品中，插装型元器件仍具有强大的生命力。

按外形结构分类，插装型元器件有圆柱形外壳封装(TO)、单列直插式封装(SIP)、双列直插式封装(DIP)和针栅阵列封装(PGA)等。这些封装的外形不断缩小，又形成各种小外形封装。

按材料分类，插装型元器件有金属封装、陶瓷封装和塑料封装等。金属封装和陶瓷封装一般为气密性封装，多用于军品和可靠性要求高的电子产品中；而塑料封装由于属非气密性封装，适用于工艺简单、成本低廉的大批量生产，多用于各种民用电子产品中。各类插装元器件封装的引脚节距多为 2.54 mm，DIP 已形成 4～64 个引脚的系列化产品。PGA 能适应 LSI 芯片封装的要求，I/O 数可达数百个。

1. 晶体管 TO 封装

圆柱形外壳封装(TO)元器件的外形结构如图 2-3 所示。插装型三极管的封装通常为 TO 封装。

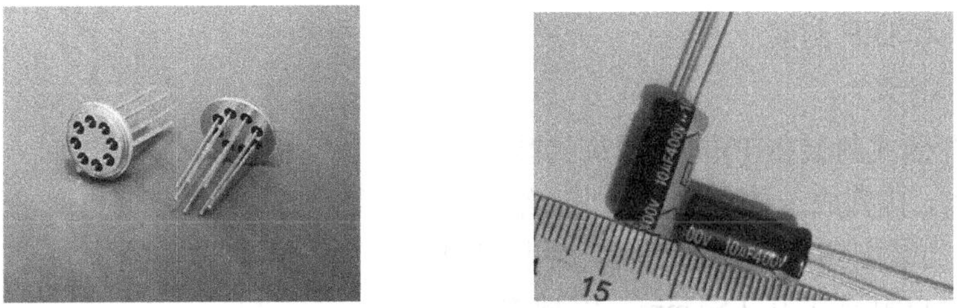

图 2-3　圆柱形外壳封装(TO)外形结构

1) TO 型金属封装技术

TO 型金属封装是使用最早、应用最广泛的全密封 TO 型晶体管封装结构，其内部结构如图 2-4 所示，多引脚的 TO 型结构还可以封装 IC 芯片。

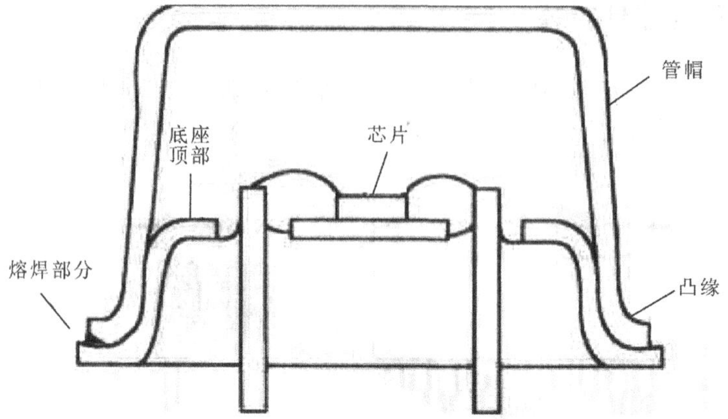

图 2-4　TO 型晶体管的内部结构

TO 型金属封装工艺是：先将芯片固定在外壳底座的中心，常采用 Au-Sb 合金共熔法或者导电胶粘接固化法使晶体管的接地极与底座间形成良好的欧姆接触；对于 IC 芯片，还可以采用环氧树脂粘接固化法。然后在芯片的焊区与接线柱间用热压焊机或超声焊机将 Au 丝或 Al 丝连接起来，接着将焊好内引线的底座移至干燥箱中操作，并通以惰性气体保护芯片。最后将管帽套在底座周围的凸缘上，利用电阻熔焊法或环形平行缝焊法将管帽与底座边缘焊牢，并达到密封要求。

2) TO 型塑料封装技术

塑料封装工艺简便易行，适于大批量生产，因此成本低廉。

在制作中，先将 I/O 引线冲制成引线框架，然后在芯片焊区将芯片固定，再将芯片的各焊区用 WB(引线键合)焊到其他引线键合区，这就完成了装架及引线焊接工序。下一步即完成塑封工序，先按塑封件的尺寸将其制成一定规格的上下塑封模具，模具有数十个甚至数百个相同尺寸的空腔，每个腔体间由细通道相连，将焊接好内引线的引线框架放到模具的各个腔体中。塑封时，先将塑封料加热至 150～180℃，待其充分软化熔融后，再加压将塑封料压到各个腔体中，略待几分钟固化后，就完成了注塑封装工作，然后开模，整修塑封毛刺，再切断各引线框架不必要的连接部分，即制成了单独的 TO 塑封件。然后进行切筋、打弯、成形和镀锡工艺。工艺中如何控制好模塑时的压力、黏度，并保持塑封时流道及腔体设计之间的综合平衡，是优化模塑器件的关键。

2. SIP 和 DIP 封装

1) SIP 封装

单列直插式封装(SIP)的引脚从封装体的一个侧面引出，排列成一条直线，其外形结构如图 2-5 所示。当装配到印刷基板上时，封装呈侧立状，引脚中心距通常为 2.54 mm，引脚数为 2～23 个，多数为定制产品。

图 2-5　SIP 封装元器件的外形图

单列直插式封装通常用于厚、薄膜 HIC 及 PWB，厚、薄膜 HIC 的基板多为陶瓷基板。由于电路并不复杂，当电路组装完成后，I/O 数只有几个或十多个，此时可将基板上的 I/O 引脚引向一边，用镀 Ni、镀 Ag 或镀 Pb-Sn 的“卡式”引线卡在基板一边的 I/O 焊区上，用电烙铁将焊点焊牢，或将卡式引线浸入熔化的 Pb-Sn 槽中进行浸焊，还可以在卡式引线的 I/O 焊区涂上焊膏，然后成批放于再流焊炉中进行再流焊。PWB 的焊接采用同样的工艺。卡式引线的节距有 2.54 mm 和 1.27 mm 之分，平时均连接成带状，焊接后再剪成单个卡式引线。通常还要对组装好元器件的基板进行涂覆保护，最简单易行的办法是浸渍一层环氧树脂，然后进行固化。还可以用树脂喷涂法喷上一薄层环氧树脂，但应注意保护卡式引线不要沾上环氧树脂，以免影响引线焊接。

SIP 的插座占用的基板面积小，插取自如，其工艺简便易行。如图 2-6 所示是一种塑封单列直插式封装(PSIP)的结构示意图。

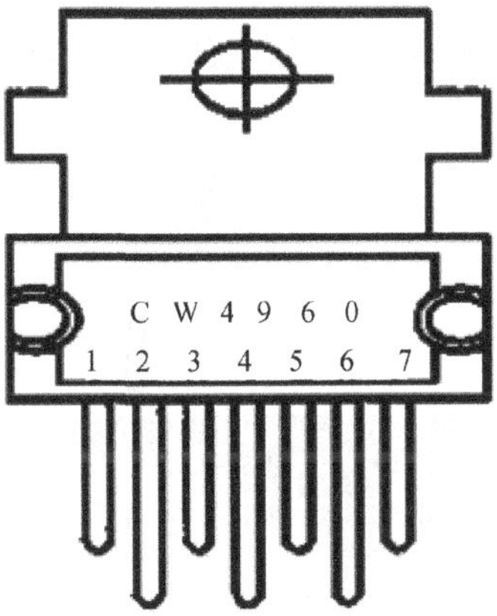

图 2-6　PSIP 封装结构示意图

2) DIP 封装

双列直插式封装(Dual In-line Package，DIP)是 20 世纪 60 年代开发出来的最具代表性的 IC 芯片封装结构，其引脚从封装体两侧引出，封装材料有塑料和陶瓷两种。DIP 是最普及的插装型封装，其应用范围包括标准逻辑 IC、存储器 LSI、微机电路等。20 世纪 70 年代，DIP 封装大量应用于中、小规模 IC 芯片的主导封装产品，此封装形式在当时具有适合 PCB(印刷电路板)穿孔安装、布线和操作较为方便等特点。DIP 封装的引脚数一般不超过 100。DIP 封装元器件的外形结构如图 2-7 所示。

图 2-7　DIP 封装元器件的外形结构

DIP 封装形式的封装效率是很低的，其芯片面积和封装面积之比为 1∶86，封装产品的面积较大，同时较大的封装面积对内存频率、传输速率、电器性能的提升都有影响。最早的 4004、8008、8086、8088 等 CPU 都采用了 DIP 技术。

DIP 封装的结构形式多种多样，包括陶瓷全密封型 DIP(CDIP)、塑封型 DIP(PDIP)、窄节距 DIP(SDIP)等。

陶瓷熔封双列直插式封装(Ceramic DIP，CDIP)，和其他 DIP 一样，其引线节距为 2.54 mm，这种封装结构十分简单，只有底座、盖板和引线框架三个零件，其工艺步骤如图 2-8 所示。底座和盖板都是用加压陶瓷工艺制作的，一般采用黑色陶瓷，即把氧化铝粉末、润滑剂和黏结剂的混合物压制成所需的形状，然后在空气中烧结成瓷件。把玻璃浆料印刷到底座和盖板上，然后在空气中烧制，加热陶瓷底座，使玻璃熔化，将引线框架埋入玻璃中。黏结 IC 芯片，进行引线键合，把涂有低温玻璃的盖板与装好 IC 芯片的底座组装在一起，在空气中使玻璃熔化，完成密封，最后镀 Ni-Au 或者 Sn。由于这种方法是靠低熔点玻璃来密封的，所以也常称作低熔点玻璃密封双列直插式封装。

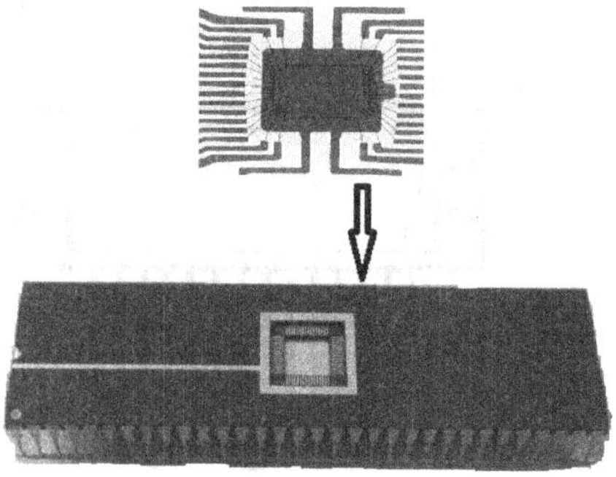

图 2-8　采用低熔点玻璃法封装 CDIP 的步骤

CDPI 封装不需要在陶瓷上金属化，烧结温度低(一般低于 500℃)，因此成本很低。在 20 世纪 90 年代前，它曾占据国际 IC 封装市场的很大份额。但由于其电性能和可靠性不易提高，体积也大，现已逐渐被多层陶瓷封装和塑料封装所取代。

多层陶瓷双列直插式封装(Multilayer Ceramic DIP)由多层陶瓷工艺制作，多层陶瓷 DIP 有白色陶瓷和棕色陶瓷之分。与前述的陶瓷熔封 DIP 工艺不同，多层陶瓷工艺的生瓷片由流延法制成，一定厚度的生瓷片落料成一定的尺寸(如 5 英寸×5 英寸或 8 英寸×8 英寸)，经过冲腔体和层间通孔(若需要)，使填充通孔金属化。每层生瓷片丝网印刷钨或钼使其金属化，把多层印刷有金属化的生瓷片叠层，在一定的温度和压力下层压，然后热切成多个单元的 CDIP 生瓷体，若需要，可进行侧面金属化印刷；然后进行排胶，并在湿氢或氮氧混合气体中，在 1550～1650℃温度下烧成 CDIP 的熟瓷体；下一步对其金属化，电镀或化学镀 Ni，在上表面钎焊封口环，在两侧面钎焊引线，然后镀 Au；最后进行外壳检漏和电性能检测。外壳成品再用常规的后道封装工艺，即检测→封盖→检漏→成品测试，最终制成电路产品。

CDIP 有良好的机械性能和电性能，可靠性较高，引线节距为 2.54 mm，体积较大。多层陶瓷封装的最大优势在于，封装设计者有很大的灵活性，可以充分利用封装布线来提高封装的电性能。如在陶瓷封装体内加入电源面和接地面，以减小电感；可以加入接地屏蔽面或线，以减小信号线间的串扰；可以控制信号线的特性阻抗等。

PDIP 的封装技术具有工业自动化程度高、产量大、工艺简单、成本低廉等特点，它虽是非密封性的塑料外壳，不能完全隔断芯片与周围的环境，但在大量民用产品的使用环境中，在一定时期内是能够保证器件可靠工作的。但是，塑料有吸潮的弱点。PDIP 的封装技术虽然与 TO 型晶体管塑封相似，但比其要求更高，因为 IC 芯片的 I/O 引脚数多，加上芯片也相对较大，这使得与塑封料的应力匹配更显重要，下面将详细加以论述。塑料封装采用的树脂(环氧模塑料)要求应具备如下特性：

(1) 树脂要尽可能与所包围的 PDIP 各种材料相匹配，即热膨胀系数 CTE 相近。增加适当添加剂的改性环氧树脂，可使其与封装材料更为接近。

(2) 在−65～150℃的使用温度范围内能正常工作，要求玻璃化温度大于 150℃。

(3) 树脂的吸水性要小，并与引线的粘接性能良好，防止湿气沿树脂引线界面浸入内部。

(4) 要有良好的物理性能和化学性能。

(5) 要有良好的绝缘性能。

(6) 固化时间短。

(7) Na 含量低。

(8) 辐射性杂质含量低。

用于连续注塑的热固性环氧系材料正好具备这些良好的特性，并已成为国际上注塑的通用材料。多年来，我国在提高耐湿性、降低应力、提高热导率和提高塑封的生产效率等方面均有了长足的进步与提高。为改善塑料封装环氧树脂的性能，还要添加一定的填料，主要填料有石英粉(二氧化硅)、二氧化钛、氧化铝、氧化锌、无机盐或有机纤维等；为使 PDIP 具有一定的颜色，还要添加一些调色素；为了塑封后易于脱模，还要加入适量的脱模剂。

塑料封装前，在加入各种添加剂的环氧树脂中注入适当比例的固化剂，在常温下均匀地分散到树脂的各部分并与其初步反应，但远不能充分固化，这时的塑封料只能算作预先凝固的待用坯料。PDIP 塑封的工艺过程与 TO 型塑封类似，在这里，PDIP 的引线框架为局部镀 Ag 的 C194 铜合金或 42 号铁镍合金，基材由冲压成型或刻蚀成型。将 IC 芯片黏结剂粘接在引线框架的中心芯片区，IC 芯片的各焊区与局部电镀 Ag 的引线框架各焊区用 WB 连接；然后，将载有 IC 芯片的该引线框架置于塑封模具的下模中，再盖上上模；接着，将已经预热过并经计量的环氧坯料放入树脂腔中，置于注塑机上，加热上下模具达到 150～180℃，这时的环氧坯料已经软化熔融并具有一定的流动性，注塑机对各个活塞加压，熔融的环氧树脂就能通过注塑流道挤流到各个 IC 芯片所在的空腔中，保温加压约 2～3 min，即可脱模已成型的塑封件，并及时清除塑料毛刺，还要对引线框架的引线连接处切筋，并打弯成 90°，即可制成标准的 PDIP 了。最后对 PDIP 进行高温老化筛选，并达到充分固化，经测试、分选打印包装，成品就可以出厂了。如图 2-9 所示是连续塑封成型简图。

图 2-9　连续塑封成型简图

3. PGA 封装

针栅阵列封装(Pin Grid Array Package，PGA)是为解决 LSI 芯片的高 I/O 引脚数和减少封装面积而设计的针栅阵列多层陶瓷封装结构，其底面上插针式的垂直引脚呈陈列状排列，引脚中心距通常为 2.54mm，引脚数为 64～447。根据引脚数目的多少，插针引脚可以围成 2～5 圈。为使芯片能够更方便地安装和拆卸，从 486 芯片开始，出现了一种名为 ZIF 的 CPU 插座，专门用来满足 PGA 封装的 CPU 在安装和拆卸上的要求。PGA 封装元器件的外形如图 2-10 所示。

图 2-10　PGA 封装的外形图

PGA 封装基材基本上都采用多层陶瓷基板，用于高速大规模逻辑 LSI 电路，成本较高，为了降低成本，封装基材也可用玻璃环氧树脂基板代替，市场上还有 64～256 引脚的塑料 PGA 及一种引脚中心距为 1.27 mm 的短引脚表面贴装型 PGA。

PGA 的制作技术与 CDIP 的多层陶瓷封装基本相同。陶瓷一般为 90%～96%的 Al_2O_3 生瓷材料，每层用厚膜钨或钼浆料印制成布线图形，并金属化通孔，按设计要求进行生瓷叠片并层压，然后整体放入烧结炉中进行烧结，使层间达到气密封装，然后镀镍，再钎焊针状引脚，最后镀金。在信号线的印制图形中，每个金属化焊区均与相应的针引脚相连。外壳内腔是 IC 芯片的粘接位置，用黏结剂固定好 IC 芯片后，由引线键合连接芯片焊区与陶瓷金属化焊区，再进行封盖，即可制成 PGA 气密封装结构。

由于 PGA 的针状引脚是在封装底面上呈栅阵排列的，所以 I/O 数可高达数百个乃至上千个，这是 DIP 封装结构无法比拟的。PGA 是气密封装，所以可靠性高；但因制作工艺复杂、成本高，故适于可靠性要求高的军品使用。由于 PGA 面阵引脚结构具有许多优点，所以为后来开发的焊球阵列封装(BGA)提供了面阵引脚结构排列的经验，也为解决 QFP 窄节距四边引脚的问题提供了帮助。事实上，PGA 的面阵针状引脚可大大缩短，即短引脚 PGA，从而可使 PGA 从插装型结构变成表面贴装型结构。

2.1.2　表面贴装型元器件封装

表面贴装型元器件(SMT)是指元器件能够直接安装在印制电路板表面上的器件。它的主要特征是无引线或短引线，元器件主体与焊点均处在印制电路板的同一侧面，微型化、无引线(扁平或短引线)，适合在 PCB 上进行表面组装。

与传统的插装型元器件相比，表面贴装型元器件具有如下特点和明显的优势：

(1) 在 SMT 元器件的电极上，有些焊端完全没有引线，有些只有非常小的引线；相邻电极之间的间距比传统的双列直插式集成电路的引线间距(2.54 mm)小很多，IC 的引脚中心距已由 1.27 mm 减小到 0.3 mm；在集成度相同的情况下，SMT 元器件的体积比传统的元器件小很多，片式电阻电容已经由早期的 3.2 mm×1.6 mm 缩小到 0.4 mm×0.2 mm。且随着裸芯片技术的发展，BGA 和 CSP 类高引脚数器件已广泛应用到生产中。

(2) SMT 元器件直接贴装在印制电路板表面，将电极焊接在元器件同一面的焊盘上。这样，印制板上的通孔只起电路连通导线的作用，孔的直径仅由制作电路板的金属化孔的工艺水平决定，通孔的周围没有焊盘，使印制电路板的布线密度大大提高。

(3) SMT 元器件形状简单，结构牢固，紧贴在印制电路板表面上，提高了可靠性和抗震性；组装时没有引线打弯和剪线，在制造印制板时，减少了插装元器件的通孔；尺寸和形状标准化，能够采用自动贴装机进行自动贴装，效率高，可靠性高，便于大批量生产，而且综合成本较低。

(4) 在表面贴装诸多优点之中，尤以节省空间最为重要。表面组装不仅影响元器件在电路板上所占面积，而且也影响器件和组件的电学特性。无引线或短引线的连接方式，减少了寄生电容和寄生电感，从而改善了组件的高频特性，有利于提高其使用频率和电路速度。

当然，表面贴装元器件也存在着不足之处。例如，由于元器件都紧紧贴在基板表面上，元器件与 PCB 表面非常贴近，基板上的空隙就相当小，给清洗造成困难，要达到清洁的目的，必须要有非常良好的工艺控制；元器件体积小，电阻电容一般不设标记，一旦弄乱就不容易搞清楚；元器件与 PCB 之间的热膨胀系数存在差异，在 SMT 产品中必须注意到此类问题。

1. 小外形封装(SOP)

小外形封装(SOP)又称小外形集成电路(SOIC)，相当于 DIP 的变形，即将 DIP 的直插式引脚向外弯曲成 90°，就成了适于 SMT 的封装，只是外形尺寸和重量比 DIP 小得多，常见于线性电路、逻辑电路、随机存储器等单元电路中。这类封装结构的引脚有两种不同的形式，一种具有翼型引脚，通常称为 SOP，如图 2-11 所示；另一种具有“J”型引脚，引脚在封装的下面，称为 SOJ，如图 2-12 所示。翼型引脚的 SOP 封装特点是引脚容易焊接，在工艺过程中检测方便，与 J 型引脚封装相比，SOP 在装卸搬运过程中需要格外小心，以防损坏引脚。SOP 有常规型 SOP、窄节距 SOP(SSOP)及薄型 SOP(TSOP)等多种规格，TSOP 的外形如图 2-13 所示。

图 2-11　SOP 封装

图 2-12　SOJ 封装

图 2-13　TSOP 封装

在各类 SMD 中，SOP、SOJ 的数量最大，其主要用于封装中、小规模 IC 芯片，也可封装 I/O 引脚低的 LSI 芯片。SOP、SOJ 几乎全部是模塑封装，封装结构如图 2-14 所示，其封装技术与其他模塑工艺类似。先把 IC 芯片用导电银浆(又称导电胶)或树脂粘接在引线框架上，经树脂固化，使 IC 芯片固定，再将 IC 芯片上的焊区与引线框架引脚的键合区(一般局部镀 Au 或 Ag)用 WB 连接。然后放入塑封模具中进行模塑封装，出模后经切筋整修，去除塑封毛刺，将框架外引脚打弯成型。若引脚弯成翼型，成为 SOP；若引脚弯成 J 型，就成为 SOJ。TO 成型的 SOP、SOJ 经筛选、测试、分选、打印、包装，就可作为成品出厂了。

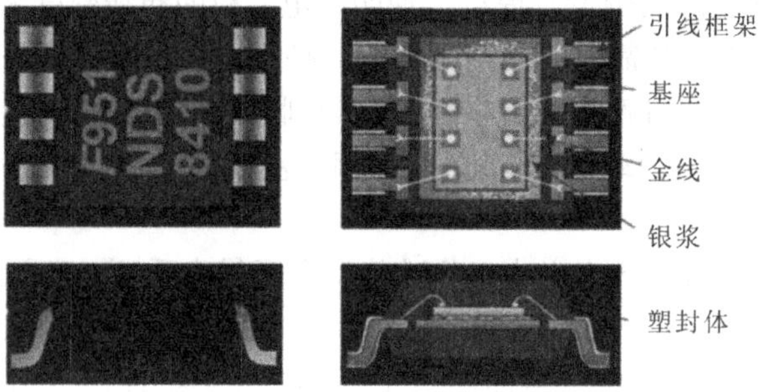

图 2-14　SOP 的封装结构

2. 陶瓷无引脚芯片载体封装(LCCC)

陶瓷无引脚芯片载体(LCCC)指陶瓷基板的四个侧面只有电极接触而无引脚的表面贴装型封装，一般用于高速和高频 IC 用封装。LCCC 是美国 20 世纪 70 年代研制的，其特点是无引脚，在陶瓷封装体四周的引脚处具有城堡式的镀 Au 凹槽，可直接焊到基板的焊区上。LCCC 芯片是全密封的，具有很好的环境保护作用，一般用于军品中，其外形如图 2-15 所示。

图 2-15　LCCC 封装

LCCC 的外壳采用 90%～96%的氧化铝多层陶瓷工艺制作，经印制布线后叠片加压，在保护气体中高温烧结而成，然后粘接半导体芯片，完成芯片外壳与外端子间的连线，再加上顶盖进行密封封装。LCCC 芯片载体封装的特点是没有引脚，在封装体的四周有若干个城堡状的镀金凹槽，作为与外电路连接的端点，可直接将它焊接到 PCB 的金属电极上。这种封装因为无引脚，故寄生电感和寄生电容都较小，同时，由于 LCCC 采用陶瓷基板作为封装，密封性和抗热应力都较好。但 LCCC 成本高，安装精度高，不宜规模生产，仅在军事及高可靠领域使用的表面组装集成电路中采用，如微处理单元、门阵列和存储器等。

LCCC 的引脚节距为 1.27 mm、1.0 mm、0.65 mm、0.635 mm 和 0.5 mm 等，其外形有矩形和方形。常用的矩形 LCCC 引脚数有 18 个、22 个、28 个和 32 个，方形 LCCC 引脚

数有 16、20、24、28、44、52、68、84、109、124 和 156 个。引脚中心距 1.27mm 的无引脚陶瓷芯片载体又进一步分为 A、B、C 和 D 型，这四种封装形式已建立在美国半导体标准行业协会(Joint Electron Device Engineering Council，JEDEC)中。

LCCC 封装包含依靠空气散热和通过 PCB 基板散热两种类型。安装时可直接将 LCCC 贴装在 PCB 上，封装体盖板无论朝上或朝下都可以。盖板的朝向是对器件芯片背面而言的，芯片背面是封装热传导的主要途径。当芯片背面朝向 PCB 基板时，器件产生的热量主要通过基板传导出去。因此，采用盖板朝上的 LCCC 封装，不宜使用空气对流冷却系统。

陶瓷封装器件属于密封型器件，具有良好的导热性能和耐腐蚀性，能在恶劣的环境条件下可靠地工作，它的工作环境温度范围为 −55～125℃。因此，陶瓷封装器件在军事通信设施、航空、船舶等尖端和恶劣环境的设备中得到了广泛应用。

3. 方形扁平封装(QFP)

方形扁平式封装 QFP(Quad Flat Package)实现的 CPU 芯片引脚的间距很小，引脚很细，一般大规模或超大规模集成电路采用这种封装形式，其引脚数一般都在 100 以上。该技术封装 CPU 时操作方便，可靠性高，且其封装外形尺寸较小，寄生参数小，适合高频应用，该技术主要用于 SMT 表面安装技术在 PCB 上安装布线。

随着大规模集成电路的集成度空前提高，特别是专用集成电路 ASIC 的广泛应用，芯片的引脚正朝着多引脚、细间距的方向发展。QFP 是适应 IC 容量增加、I/O 数量增多而出现的封装形式，目前被广泛使用，其外形如图 2-16 所示。

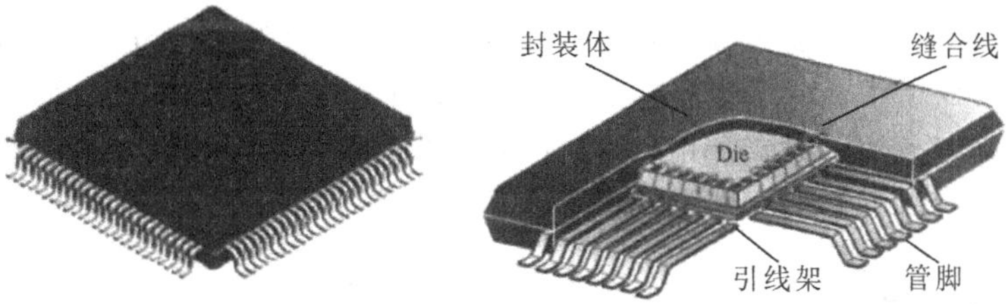

图 2-16 QFP 封装及结构

日本电子工业协会对 QFP 封装体外形尺寸进行了规定，使用 5 mm 和 7 mm 的整数倍到 40 mm 为止。QFP 也有矩形和方形之分，多数为方形。其引脚用合金制成，引脚形状有鸥翼型、J 型和 L 型，J 型引脚的 QFP 又称 QFJ。QFJ 实际上与美国研发的 PLCC 相同，只是称呼不同。随着引脚数增多，QFP 引脚厚度、宽度减小，J 型引脚封装就很困难，因而 QFP 器件大多采用鸥翼型引脚，引脚中心距有 1.0 mm、0.8 mm、0.65 mm、0.5 mm、0.4 mm 和 0.3 mm 等多种，引脚数为 44～160 个。

QFP 封装由于引脚数多，接触面较大，因而具有较高的焊接强度，但在运输、储存和安装中，引脚易折弯和损坏，使封装引脚的共面度发生改变，影响器件引脚的共面焊接，因而在使用中要特别注意。按有关规定，器件引脚的共面性误差不能大于 0.1mm，即各引脚端和基板的间隙差至少要小于 0.1mm。

多引脚、细间距 QFP 在组装时要求贴装机具有较高精度，以确保引脚和电路板上焊盘图形对准，同时还应配备图形识别系统，在贴装前对每块 QFP 器件进行外形识别，判断器件引出线的完整性和共面性，以便把不合格的器件剔除，确保各引脚的焊点质量。

QFP 封装也有某些局限性，在运输、操作和安装时，引脚易损坏，引脚共面度易发生畸变，尤其是边角处的引脚更易损坏，且薄的本体易于碎裂。

为了避免方形封装的这些问题，美国开发了一种特殊的 QFP 器件封装，其鸥翼型引脚中心间距为 0.025 英寸，可容纳的引脚数为 44～244。这种封装突出的特征是：具有一个缓冲垫减振，一般外形比引脚长 3 mil，以保护引脚在操作、测试和运输过程中不会损坏，因此，这种封装通常称作垫状封装。该封装焊盘超出引脚至少 10 mil，以便形成焊点，PCB 所占空间并不因这种角垫减振的存在而浪费，封装可以采用卷带式或管式输送而不损坏引脚，其结构如图 2-17 所示。除了图中所示的“耳朵”以外，其本体尺寸和 PLCC 一致。

图 2-17　QFP 封装

美国式带角垫的 QFP 可以采用卷带、盘、管袋包装，无论是运输还是贴片都很方便，不带缓冲垫的 QFP 就只能用华夫盘包装了。

扩展阅读：AT89S51

AT89S51 是一个低功耗、高性能的 CMOS 8 位单片机，片内含 4 KB ISP(In-System Programmable)的可反复擦写 1000 次的 Flash 只读程序存储器，器件采用 ATMEL 公司的高密度、非易失性存储技术制造，兼容标准 MCS-51 指令系统及 80C51 引脚结构，芯片内集成了通用 8 位中央处理器和 ISP Flash 存储单元，功能强大的微型计算机的 AT89S51 可为许多嵌入式控制应用系统提供高性价比的解决方案。

任务计划

根据任务单要求、任务资讯内容以及收集整理的资料，填写表 2-3 所示的任务计划单。

表 2-3　任务计划单

项目名称	AT89S51 芯片封装		
任务名称	AT89S51 芯片封装类型比选	建议学时	1
计划方式	分组讨论		
序 号	任　务	时 间	负责人
1			
2			
3			
4			
5			
6			
7			

续表

序 号	任 务	时 间	负责人
8			
9			
10			
小组分工	讨论封装类型比选所涉及的环节及其主要任务，充分细化，并落实到具体的成员，在规定的时间节点进行检查		
计划评价			

任务决策

根据封装类型知识的学习和理解，结合 AT89S51 的功能特点，完成相关资料收集与整理，提出完成 AT89S51 封装的两种方案，并对其进行分析和对比，最终选择一种方案，填写表 2-4 所示的任务决策单。

表 2-4 任务决策单

项目名称	AT89S51 芯片封装		
任务名称	AT89S51 芯片封装类型比选	建议学时	4
方 案 计 划			
方案对比	序号	封装类型	特点
评语			

任务实施

首先需要完成与芯片封装类型相关的资料收集任务，并将收集的资料作为编写方案时的编制依据；再结合 AT89S51 的功能需求，编制完成“AT89S51 芯片封装类型比选方案”。实施具体任务时，可以参照表 2-5 所示的步骤进行。

表 2-5 任务实施单

项目名称	AT89S51 芯片封装		
任务名称	AT89S51 芯片封装类型比选	建议学时	1
计划方式	分组讨论		
序号	实 施 步 骤		
1	小组破冰讨论项目任务		
2	小组成员根据自身特点及项目需求分配任务		

续表

序号	实 施 步 骤
3	查询并收集整理资料
4	小组成员分析项目，选择合理的论证资料
5	组间成员交流学习
6	小组成员完成项目任务方案
7	项目展示，交流学习，对比选择最优方案
8	完成项目方案编写
9	制作汇报 PPT，归档
10	总结

在任务实施过程中，可以参照表 2-6 所示的内容进行资料的收集与整理。

表 2-6 “场景资料收集与整理”示例

行动目标	行动方式	行动成果	备注
收集 AT89S51 芯片的相关资料	通过图书馆或网络查找相关资料并收集整理	AT89S51 的主要封装类型、封装结构及功能特点	课前独立完成

在任务实施的过程中，重要的工作内容可以参照表 2-7 所示的内容。

表 2-7 “AT89S51 芯片封装类型比选方案”示例

项目名称	AT89S51 芯片封装			
任务名称	AT89S51 芯片封装类型比选			
T89S51 的主要功能				
AT89S51 的主要封装形式				
插装型封装的结构、特点				
贴装型封装的结构、特点				
…				
产品名称	生产厂家	封装工艺	价格	应用

任务检查与评价

完成任务实施后，可采用小组互评等方式进行任务检查，具体检查内容如表 2-8 所示。

表2-8 任务评价单

项目名称	AT89S51芯片封装				
任务名称	AT89S51芯片封装类型比选				
考核方式	过程考核				
说明	主要评价成员在项目实施过程中的操作方式、理论知识、学习态度、课堂表现、学习能力等其他能力				
考核内容与评价标准					

序号	内容	评价标准			成绩比例/(%)	自评分
		优	良	合格		
1	基本理论掌握	掌握DIP、QFP等常见的集成电路封装结构及特点，了解表面贴装型元器件和插装型元器件的特点及应用场合	理解DIP、QFP等常见的集成电路封装结构及特点，了解表面贴装型元器件和插装型元器件的特点及应用场合	理解DIP、QFP等常见的集成电路封装结构及特点，理解表面贴装型元器件和插装型元器件的特点及应用场合	30	
2	实践操作技能	熟练使用各种查询工具搜集和查阅相关资料，快速准确分析功能要求，科学合理地进行比选方案可行性分析与论证，编写的比选方案书较规范	较熟练使用各种查询工具搜集和查阅芯片封装的相关资料，准确分析封装类型特点并结合功能需求完成比选方案，编写的比选方案书较规范	会使用各种查询工具搜集和查阅项目任务的相关资料，能分析项目任务要求并比选完成项目任务	30	
3	职业核心能力	具有良好的自主学习能力和分析解决问题的能力	具有较好的学习能力和分析解决问题的能力	能够主动学习并收集信息，具备一定的分析解决问题的能力	10	
4	工作作风与职业道德	具有严谨的科学态度和工匠精神，能够严格遵守“6S”管理制度	具有良好的科学态度和工匠精神，能够自觉遵守“6S”管理制度	具有较好的科学态度和工匠精神，能够遵守“6S”管理制度	10	
5	小组评价	具有良好的团队合作精神及沟通交流能力，热心帮助小组其他成员	具有较好的团队合作精神和与人交流的能力，能帮助小组其他成员	具有一定的团队合作能力，能配合小组完成项目任务	10	
6	教师评价	包括以上所有内容	包括以上所有内容	包括以上所有内容	10	
合计					100	

教学反馈

任务结束后，可采用分组方式进行教学评价，具体内容如表 2-9 所示。

表 2-9 教学反馈单

项目名称	AT89S51 芯片封装		
任务名称	AT89S51 芯片封装类型比选	建议学时	4
序 号	调 查 内 容	是/否	反馈意见
1	知识点是否讲解清楚		
2	解答是否及时		
3	重难点是否突出		
4	课堂组织是否合理		
5	逻辑是否清晰		
本次任务的兴趣点			
本次任务的成就点			
本次任务的疑虑点			

2.2 任务二 AT89S51 芯片减薄与划片

任务要求：

(1) 掌握晶圆贴膜、减薄与划片工艺的目的。

(2) 掌握晶圆贴膜、减薄与划片工艺的操作过程。

(3) 掌握解决晶圆贴膜、减薄与划片工艺过程中常见问题的方法。

(4) 根据任务单要求进行任务计划及实施。

任务单

本任务需要完成双列直插式封装和四边扁平引脚封装的晶圆贴膜、芯片减薄与划片工艺操作，设计 AT89S51 生产工艺流程，并解决工艺过程中常见的产品问题，任务单内容如表 2-10 所示。

表 2-10 任 务 单

项目名称	AT89S51 芯片封装
任务名称	AT89S51 芯片减薄与划片

续表

任务要求
1. 任务开展要求。 (1) 任务开展方式为分组讨论，每组 3～5 人。 (2) 所需资料自行收集。 2. 完成芯片减薄与划片工艺的资料收集与整理。 3. 提交 AT89S51 芯片减薄与划片工艺的操作方案。
任务准备
1. 知识准备。 (1) 贴膜工艺的目的、工艺流程。 (2) 减薄工艺的目的、工艺流程。 (3) 划片工艺的步骤，划片深度及减薄尺寸等常规参数。 2. 设备支持。 在该任务实施过程中需要准备的工具包括： (1) 仪器：贴膜机、减薄机、划片机或者虚拟工作平台。 (2) 工具：电脑、书籍资料、网络。
工作步骤
(1) 小组成员破冰沟通，分析工作任务，根据成员特点完成任务分工。 (2) 小组成员根据分工各自完成相应任务。 (3) 小组成员再次合作制订操作方案。 (4) 与其他小组成员进行交流学习。 (5) 小组成员共同讨论并完成操作方案的编写。 (6) 小组成员展示操作方案。
总结与提高
1. 小组自评。 (1) 对组内的每个组员的工作作风进行相互评价。 (2) 分析组内分工的合理性。 2. 小组互评。 (1) 对其他小组项目内容进行评价及提问。 (2) 对其他小组成员的工作态度进行评价。 3. 拓展提高。 (1) 总结归纳评价意见，组内讨论完善方案。 (2) 提交操作方案，进一步规范操作方案的编写。

本任务需要先熟悉芯片封装的工艺流程，并通过查询资料，进一步完善实际工艺中芯片减薄与划片的知识储备。自主学习资讯单如表 2-11 所示。

表 2-11　自主学习资讯单

项目名称	AT89S51 芯片封装
任务名称	AT89S51 芯片减薄与划片
实施方式	资料查询、小组分工、小组讨论、任务实施、成果汇报、项目评价、总结提高
任务资讯	(1) 芯片封装的工艺流程是什么？ (2) 为什么要对晶圆进行贴膜，贴膜的材料有哪些？ (3) 为什么要进行晶圆减薄，晶圆减薄的方法有哪些？ (4) 划片实用的工艺有哪些？划片刀具有何特点？

任务资讯

2.2.1　工艺流程

封装是对一个或多个半导体芯片、膜元件或其他元器件的包封，可向元器件提供电连接及机械和环境的保护。在晶圆完成制作与检测之后，与 IC 晶圆制作相比，芯片封装工艺相对简单，它起着安装、固定、保护芯片以及增强芯片散热的作用，另外它还能实现内部晶粒与外部电路的连接。如图 2-18 所示是芯片封装后的结构剖面图。

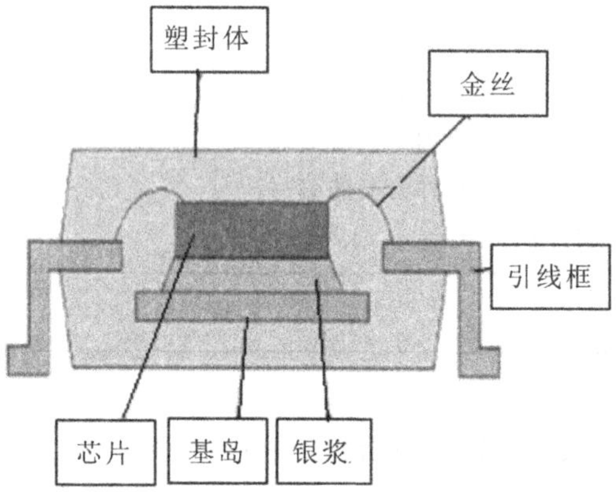

图 2-18　芯片封装后的结构剖面图

封装技术的好坏直接影响到芯片自身性能的发挥，以及与之连接的印制电路板的设计和制造，因此它是至关重要的。

不同产品、不同企业的封装步骤会略有不同，但其基本流程不会有大的差别。

封装工序一般可以分成前道工序和后道工序两个部分，前道工序是指封装成型之前的工艺步骤，后道工序是指在封装成型之后的工艺步骤。对于不同封装材料，前道工序大致相同，主要包括晶圆减薄、晶圆划片、芯片黏结和引线键合。而对于塑料封装，后道工序主要包括塑封、激光打标、电镀和切筋成型。对于其他材料的封装工艺流程，在项目三中再进行讲解。

本项目以 AT89S51 芯片的塑料封装为例，介绍封装工艺流程。典型塑料封装工艺流程如图 2-19 所示。

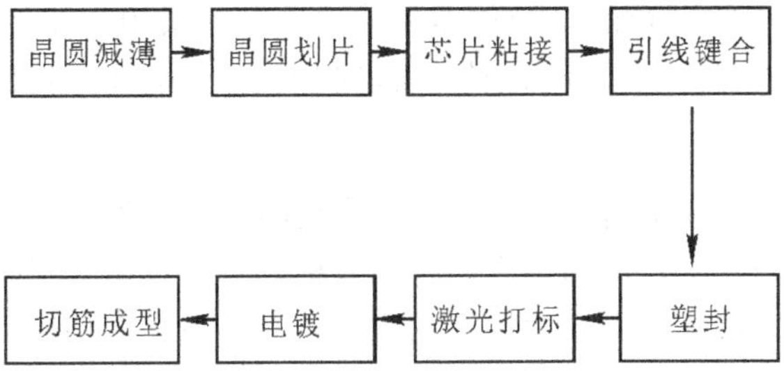

图 2-19　塑料封装工艺流程

1. 晶圆减薄

减薄是研磨晶圆背面使晶圆达到一个合适的厚度，通常要求晶圆减薄到 80～300 μm 不等，具体应根据工艺需求判断，有些薄晶圆厚度小于 100μm，更有甚者需要小于 50 μm，此时对工艺的要求是非常高的。晶圆减薄后其粗糙度一般在 5～20nm，平整度为±3μm 以内。

目前由于芯片具有越做越薄的趋势，减薄基本上已成为不可缺少的环节。有些晶圆在制造阶段就已经进行过减薄操作了，在封装企业就不必再进行减薄。在减薄之前，通常要清洗晶圆，然后在正面贴上保护膜，以防止在研磨过程中对晶圆造成污染或者机械损伤。在做好准备之后，将晶圆放进研磨机，研磨过程一般是全自动控制，以保证研磨能够达到一个理想的精度。在研磨的过程中，需要持续地注入去离子水。去离子水的作用主要有：一是及时清洗掉研磨产生的硅粉；二是冷却降温，因为研磨过程中晶圆会发热；三是去除研磨过程中产生的静电。

2. 晶圆划片

晶圆划片指对完整的晶圆进行切割，将其切成一颗颗独立的晶粒，为后面单颗芯片的制作打好基础。在切割之前要先将晶圆贴在晶圆框架的胶膜上，胶膜具有固定晶粒的作用，避免在切割时晶粒受力不平衡而造成切割品质不良，同时切割完成后可确保在运送过程中晶粒不会脱落或相互碰撞。晶圆切割主要是利用刀具，配合高速旋转的主轴马达，加上精密的视觉定位系统，进行切割工作。切割时影响品质的主要因素有：给进的速度与稳定度；切割深度及方式；胶带黏着方式；真空吸附固定能力；主轴转速及刀具旋转平衡度；刀具尺寸及材质；切削冷却水冲洗速度。

3. 芯片粘接

芯片粘接的主要作用是将单个晶粒通过黏结剂固定在引线框架上的指定位置，便于后续的互连。

4. 引线键合

引线键合是使用金线等键合线，将晶粒的引线位和引线框架的引脚连接，使晶粒能与外部电路连接。电子封装常见的连接方法有引线键合(Wire Bonding，WB)、载带自动焊(Tape Automated Bonding，TAB)与倒装芯片(Flip Chip，FC)三种。倒装芯片也称为反转式晶片接合或可控制塌陷晶片互连(Controlled Collapse Chip Connection，C4)。

5. 塑封

塑封是对完成引线键合的半导体器件或电路芯片采用树脂等材料进行包装的一种封装形式。它可以保护器件免受外力损坏，同时加强器件的物理特性，便于使用。

6. 激光打标

利用激光在塑封体表面打上无法去除、字迹清楚的标识，可以方便后续对元器件的跟踪与辨识。根据客户需求、产品批次、产品名称、生产日期、制造商信息等可以作为打标的内容。打标工序一般在塑封或电镀之后进行，有时也会在切筋成型之后进行。

7. 电镀

引线电镀工序是在框架引脚上做保护性镀层，以增加其抗蚀性和可焊性。电镀目前都是在流水线式的电镀槽中进行的，首先进行元器件清洗，然后在不同浓度的电镀槽中进行电镀，之后冲淋、吹干，最后放入烘箱中烘干。

8. 切筋成型

切筋工艺是指切除框架外引脚之间的堤坝以及框架带上的相互连接处；成型工艺则是将引脚弯成一定的形状，以适合装配的需要。

2.2.2　晶圆贴膜

1. 简介

1) 晶圆贴膜的定义与目的

晶圆贴膜是在晶圆表面贴上保护膜的过程，通常采用蓝膜作为保护膜。一般情况下，晶圆减薄工序和晶圆划片工序之前需要进行贴膜操作。

2.2.2　晶圆贴膜

晶圆减薄前在晶圆的正面进行覆膜，其目的是保护晶圆正面的电路，防止晶圆在减薄过程中被损坏或受到污染，同时增强晶圆在减薄时的固定能力，使其不易发生移动。

晶圆划片前在晶圆的背面进行覆膜，使晶圆在晶圆划片过程中不脱落、不飞散，即固定晶圆不发生移动以及保证划片后的晶粒不散落，从而能被切实地切割。

2) 晶圆贴膜设备

晶圆贴膜一般在贴膜机上进行。贴膜机是通过橡胶滚轮，使蓝膜与晶圆、晶圆贴片环形成良好粘接的设备。如图 2-20 所示是晶圆贴膜机的外观，它由设置区、贴膜区和蓝膜区组成，设置区包括电源键、温度设置和真空开关等部分。贴膜区进行覆膜操作的位置包括贴膜盘和橡胶滚轮。蓝膜区则用于放置蓝膜。

图 2-20　晶圆贴膜机

贴膜过程中要进行静电消除，否则晶圆上的电路可能会受静电击穿而损坏，此时需要使用等离子风扇，如图 2-21 所示。等离子风扇是一种可提供平衡离子气流的离子消除器，可消除或中和集中目标和不易接触区域的静电荷。

图 2-21　等离子风扇

3) 晶圆贴膜盘的分类及选择

晶圆贴膜盘为圆形台盘，位于贴膜机的贴膜区，用于承载待贴膜的晶圆。

根据材质不同，贴膜盘可以分为防静电涂层台盘、硅胶台盘、多孔金属台盘、陶瓷台盘等，不同材质的台盘性质不同，目前大多采用防静电涂层接触式台盘。

防静电涂层接触式台盘的涂层多为特氟龙，即聚四氟乙烯，它是一种人工合成高分子材料，该材料的涂层具有不黏性、耐热性、滑动性(即摩擦系数低)、抗蚀性、耐磨性、抗腐蚀性等特点。

晶圆(wafer)是指硅半导体集成电路制作所用的硅芯片，按其直径可分为 3 英寸、4 英寸、5 英寸、6 英寸、8 英寸、12 英寸等规格。对不同尺寸的晶圆进行贴膜时，选用的贴膜盘是不同的，晶圆尺寸越大的晶圆选用的贴膜盘也越大。另外需要根据贴膜的要求来选择贴膜盘的材质，通常采用防静电涂层接触式台盘。

4) 晶圆贴膜原材料

晶圆切割蓝色保护膜常称为蓝膜、翻晶膜、UV 膜、晶圆蓝膜、日东蓝膜、切割蓝膜、芯片蓝膜等。晶圆蓝膜专为晶片研磨、切割及软性电子零件承载加工而设计，如图 2-22 所示。晶圆蓝膜被涂以特殊粘胶，具有高黏着力，切割时能以超强的黏着力黏住晶片，即使是小晶片也不会发生位移或剥除，使晶片在研磨、切割过程中不脱落、不飞散，而能被切实地切割。加工结束后，只要照射适量的紫外线，就能瞬间降低蓝膜的黏着力，即使是大晶片，也可以轻松、正确地捡拾，不会因残胶、脱胶而受污染，提高了捡晶时的捡拾性，没有黏着剂沾染造成的污染，

图 2-22　蓝膜

更不会因为照射紫外线而对 IC 造成不好的影响。

晶圆贴片环主要用于划片前的贴膜工序中，贴膜时，同时将晶圆贴片环通过蓝膜固定在晶圆外围，其自带定位缺口，如图 2-23 所示。晶圆贴片环作用有以下两点：

(1) 支撑晶圆，使切割后的晶圆依旧保持原来的形状。

(2) 固定晶圆，晶圆贴片环可以很好地把晶圆固定在框架盒内，使得晶圆在周转运输时不易被碰伤或刮花。

晶圆框架盒是用于装载完成贴膜晶圆的容器，可以避免晶圆随意滑动而发生碰撞，可有效地保护晶圆和晶粒的完整度，同时便于周转搬运，如图 2-24 所示。

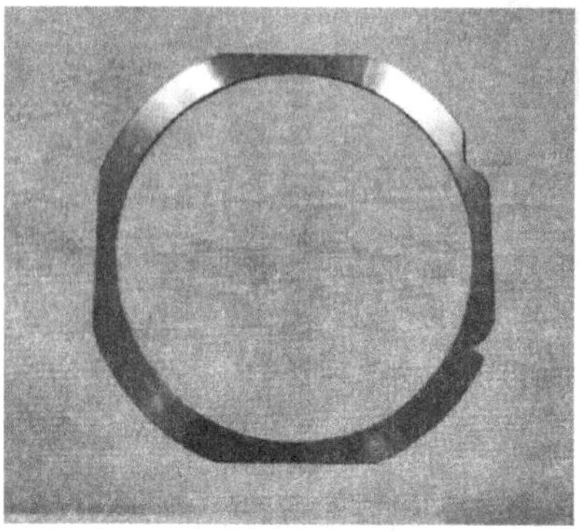

图 2-23　晶圆贴片环

图 2-24　晶圆框架盒

2. 晶圆贴膜的质量要求

晶圆贴膜作为晶圆划片的第一道保障，操作时需保证合格的质量，以满足晶圆划片时对晶圆或晶粒黏附牢固的需求。

一般贴膜的质量问题都是肉眼可见的，所以完成贴膜后操作员可通过目检的方式对贴膜质量进行检查，如图 2-25 所示为贴膜合格的晶圆。

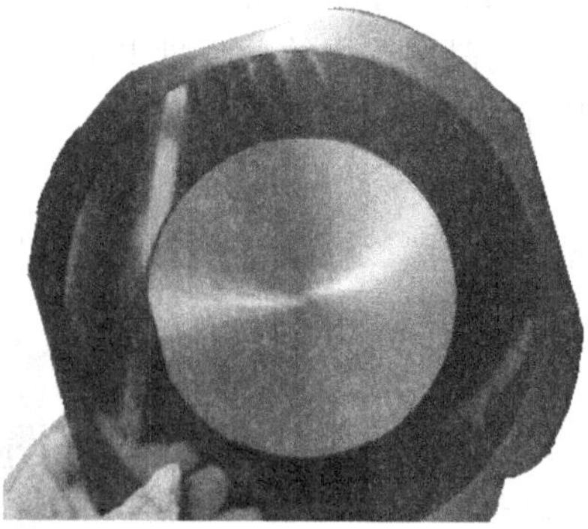

图 2-25　合格贴膜

合格的贴膜应满足以下几点要求：

(1) 蓝膜平整，无起皱现象。

(2) 蓝膜和晶圆贴合紧密，无气泡。

(3) 晶圆、蓝膜表面以及两者贴合处洁净，无污点。

(4) 蓝膜边缘光滑，无毛边、扎刺。

(5) 晶圆和蓝膜完整，无破损、划伤。

3. 贴膜不良的原因

遇到贴膜质量不良的情况需要先排查原因，确定是否设备或工艺出现问题，并对不合格的贴膜产品做相应的处理。通常对于贴膜气泡、蓝膜破损或起皱等不影响晶圆质量的问题，只需将晶圆上的蓝膜取下，重新贴膜即可；对于晶圆划伤、破损等问题，则视情况进行研磨或剔除操作。其中，贴膜后产生的气泡可以通过抽真空的方式确认气泡的位置。如表 2-12 所示是贴膜操作过程中部分常见的贴膜不良现象及其产生的原因。

表 2-12　晶圆贴膜常见不良现象及其原因

晶圆贴膜不良现象	产 生 原 因
晶圆和蓝膜之间存在气泡	(1) 晶圆背面存在颗粒物； (2) 操作时贴膜的温度未达到设定值； (3) 贴膜温度设置不合适
蓝膜起皱	(1) 铺贴后遇到温度变化； (2) 覆膜时蓝膜未拉紧
蓝膜破损	(1) 存在硬物； (2) 拉动滚轮时用力过大
蓝膜毛边、扎刺	(1) 横切刀质量出现问题 (2) 操作员切膜时操作不当
晶圆或蓝膜沾污	(1) 贴膜机未清理干净； (2) 贴膜机漏油； (3) 蓝膜本身携带污物
晶圆划伤	(1) 存在硬物； (2) 操作员操作不当

4. 晶圆贴膜操作

划片前的贴膜操作一般包括覆膜准备、设备启动与设置、放置晶圆和贴片环、覆膜、切膜与撕膜、取出质量检查等几个步骤。

贴膜机贴膜时的具体操作如下：

(1) 晶圆覆膜准备，打开粘片机挡板，检查是否有蓝膜；若无蓝膜或蓝膜用完、蓝膜有明显缺陷，则需更换蓝膜。

(2) 首先打开贴膜机的电源，根据随件单上的要求设定贴膜盘的温度，通常设置为 40～50℃，贴膜盘的加温功能可以增加蓝膜的黏性，提高贴膜的质量。

(3) 温度到达设定值后打开贴膜机上盖，并打开等离子风扇，以消除贴膜盘附近的静电。

(4) 准备工作完毕，将晶圆正面朝下放置到贴膜盘的中央，并轻轻按压使晶圆贴合平整。随后放置晶圆贴片环，使其定位缺口与贴膜盘的定位钉一致，保证晶圆贴片环位置准确。

(5) 将蓝膜贴在晶圆上，覆盖整个贴膜盘；使用横切刀切断蓝膜，整圈转动环切刀切掉框架外的蓝膜。

(6) 手动撕掉晶圆外被切下的多余贴膜；将贴好膜的晶圆取出，然后检查贴膜是否均匀，有无气泡。

5. 晶圆贴膜质量检查

完成贴膜后，需要检查贴膜质量是否符合划片要求。贴膜检查主要步骤如下：

(1) 手动将贴好膜的晶圆取出。

(2) 检查贴膜是否均匀，有无气泡，是否洁净，有无污点，有无毛边、扎刺，晶圆和蓝膜是否完整等。

(3) 如果检查晶圆与蓝膜均正常，给晶圆编号，填写履历卡。

(4) 如果发生贴膜不良、记录不良现象，简单分析原因，并取下晶圆上的蓝膜。

在处理贴膜不良的晶圆时需要取下晶圆上的蓝膜，该操作称为晶圆揭膜。对需要进行揭膜操作的晶圆照射适量紫外线，此时可以降低蓝膜的黏着力，轻松分离晶圆和蓝膜。

对于完成划片的晶圆也需要照射适量的紫外线，降低晶粒与蓝膜之间的黏附力方便在芯片粘接时顺利完成取芯操作。

2.2.3　晶圆减薄

2.2.3　晶圆减薄

1. 晶圆减薄目的

为了降低生产成本，目前大批生产所用到的硅片多在 8 英寸以上，由于其尺寸较大，为了使晶圆不易受到损害，会相应地增加晶圆厚度，但这给后续的切割带来了一定的困难，所以要对晶圆进行减薄工序。

晶圆减薄就是对晶圆背面的衬底进行减薄，从而使晶圆达到封装需要的厚度。目前，硅片的背面减薄技术主要有磨削、研磨、化学机械抛光(Chemical Mechanical Polishing，CMP)、干式抛光(Dry Polishing)、电化学腐蚀(Electrochemical Etching)、湿法腐蚀(Wet Etching)、等离子辅助化学腐蚀(Plasma-Assisted Chemical Etching，PACE)、常压等离子腐蚀(Atmosphere Plasma Etching，APE)等。晶圆减薄常用磨削的方式，通过磨削砂轮实现对晶圆的减薄，如图 2-26 所示。其中，比较常见的磨削工艺有转台式磨削、硅片自旋式磨削等。

图 2-26　磨削减薄示意图

磨削方式的优点在于：磨削砂轮和晶圆的接触长度、接触面积、切入角不变。磨削减薄可以去除大部分的多余硅衬底，其加工效率高、平整度好、成本低，但减薄后的衬底存在表面损伤，其残余应力会导致减薄后的晶圆弯曲，且容易在后续工序中碎裂，从而影响产品质量，因此在减薄后应对晶圆背面进行精细研磨、抛光，形成光滑的表面。

晶圆减薄的目的如下：

(1) 去掉晶圆背面的氧化物，保证芯片焊接时良好的黏结性。

(2) 消除晶圆背面的扩散层，防止寄生结的存在。

(3) 减小晶圆的厚度，提高晶圆划片的质量。

(4) 由于大直径的晶圆较厚，需要减薄来减小晶粒的体积，以满足芯片封装工艺的要求。

(5) 减少串联电阻和提高散热性能，同时改善欧姆接触。

2. 晶圆减薄设备

本小节将针对采用磨削原理设计的减薄机进行介绍。减薄机最关键的位置是减薄工作区，主要由载片台(即晶圆承载台)、磨削砂轮(也称磨削轮)组成，部分设备还会带有修整砂轮，其功能是对磨削砂轮进行调整。

根据减薄机的自动化程度，减薄机可以分为半自动减薄机和全自动减薄机。半自动减薄机需要人工进行上料，将待减薄晶圆放置于载片台上进行吸附，按片进行；而全自动减薄机则可实现自动上料，将装有多片待减薄晶圆的传送盒直接放于上料区，由机械手臂完成将晶圆放置到载片台的操作。

根据载片台和磨削轮的相对位置和运动方向的不同，减薄机可以分为立式减薄机和卧式减薄机，如图2-27和图2-28所示。立式减薄机为垂直型分布，磨削轮与载片台为上下位置关系；而卧式减薄机为横向型分布，磨削轮与载片台为左右位置关系。

图2-27　立式减薄机

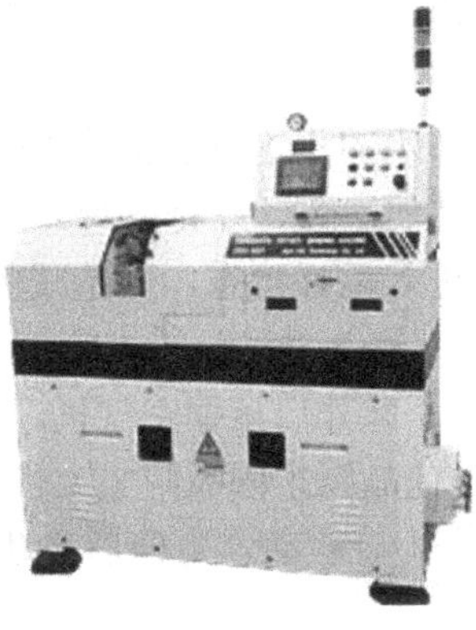

(a) 卧式减薄机外观

(b) 卧式减薄机工作区

图2-28　卧式减薄机

3. 晶圆减薄操作步骤

一般情况下，晶圆减薄工艺的流程按顺序可以分为来料整理、原始厚度测量、上蜡/贴膜、二次厚度测量、减薄操作、去蜡/去膜、质量检查等步骤。

(1) 来料整理。在开始操作前，需要清理工作位保证该工位整洁且无其他批号的晶圆，防止发生混批的情况。领取待减薄的晶圆后核对该实物晶圆批号、数量等是否与随件单一致，核对正确后对晶圆进行清洗，使晶圆表面干净无异物。

(2) 原始厚度测量。减薄上料前，需测量晶圆的原始厚度，测量时通常在晶圆表面取多个采样点进行测量。如图 2-29 所示为某测厚仪对晶圆进行测量的过程展示。

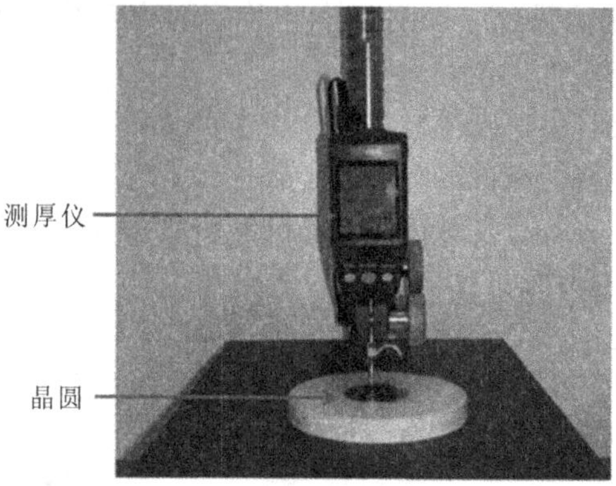

图 2-29　晶圆测厚仪测量展示

(3) 上蜡/贴膜。对于进行背面减薄的晶圆，为保证晶圆能够固定在晶圆的载片台盘上(载片台盘固定在减薄机的工作台上)，使晶圆在减薄过程中不发生移动，同时保护晶圆正面，需要在晶圆正面进行上蜡或贴膜的操作，使得晶圆与台盘之间形成牢固的黏附。其中，上蜡是指通过在晶圆背面涂加热固体蜡，通过压片冷却后即可实现晶圆在载片台上的固定；贴膜则是在晶圆正面覆上蓝膜，可以增强黏附性，将晶圆放置到载片台并施加一定的压力，即可固定晶圆。

(4) 二次厚度测量。二次厚度测量是为了检查上蜡或贴膜情况，测量其各个点的厚度并与原始点比较，每点之间的误差应在合理范围内，以保证上蜡或贴膜的均匀性。

(5) 减薄操作。准备就绪后，开始减薄操作。

启动减薄机前，需要认真检查压缩空气、冷却水的供给以及供给用软管是否正常。

在减薄机操作界面上调用减薄程序，设定需要的参数，并完成对刀操作，确定带减薄的晶圆与磨削砂轮接触的位置。确认无误后即可进入运行状态，开始减薄。

减薄机操作的主要步骤如下：

① 打开减薄机的电源键，使减薄机接通电源，并开启压缩空气机。

② 将晶圆放置到承载台上，开启真空开关，使晶圆牢固吸附于工作台上。

③ 若设备刚启动，即在开启电源、重启、停止后启动、急停后启动等情况下，需设定原始位置。

④ 设定参考点。

⑤ 设定减薄参数。

⑥ 按下“START”键，运行设备，减薄机开始自动减薄操作。

⑦ 减薄机使用结束后，其正确的关机顺序为退出程序、关闭电源、关闭压缩空气机、关闭水冷机。

(6) 去蜡/去膜。减薄结束后，取出晶圆，去除表面的蜡或者蓝膜并擦拭干净，便于后续的质量检查。

(7) 质量检查。减薄完成后测量晶圆各个点的厚度及其厚度差，保证晶圆厚度达到减薄要求且减薄均匀。测量数据需做好记录，以便后期参考与追溯。

完成该批次晶圆的减薄操作之后，退出减薄程序，结束本次作业。同时需要整理并清洁仪器，保持工位的整洁，准备下一次作业。

4. 晶圆减薄操作注意事项

在晶圆减薄的工艺操作中需要注意以下事项：

(1) 使用测厚仪进行晶圆厚度测量时，放针过程中应避免针尖抬起后直接放落，否则容易损坏测厚仪的针尖或压损晶圆。

(2) 第一次进行上蜡压片前应检查压盘是否处于水平位置，防止压片不均匀导致晶圆固定不牢固或压损晶圆。

(3) 在对小尺寸晶圆进行减薄工艺时，应贴上陪片进行工艺操作。

(4) 减薄机使用前应检查真空压力值。

(5) 开始减薄前应对砂轮位置进行调整。

(6) 减薄机操作过程中，要严格遵守设备使用说明，如减薄机参数的设置，若砂轮转速设置过快可能对操作员造成人身伤害，亦会加快设备的损耗。

(7) 在进行手动对刀时，一定要预留一点缝隙，否则很容易将晶圆挤碎。

(8) 减薄机开始工作前，必须检查工作砂轮是否紧固。

(9) 当所有的安全装置(如安全门、盖子及机壳等)装好后，才能启动设备。

(10) 在减薄过程中，需要观察设备运行是否出现异常，若有问题需及时停止。

5. 减薄机日常维护与常见故障

为保证减薄机正常运行，需要定期对减薄机维护和保养，并能及时发现和辨别常见故障。

1) 减薄机的日常维护

减薄机日常维护需要注意以下几点：

(1) 需要定期对减薄机进行维护与检修，保证设备的安全运行，在进行维护工作时，设备各部件都要正确的装卸。

(2) 紧固件应时常更新，主要是指螺丝、螺母、弹簧垫圈、普通垫圈。有螺纹的接口装配时应使用适当的润滑剂或密封剂，为防止有螺丝的接头泄露，应在没有压力的情况下将其拧紧。

(3) 砂轮环使用一段时间后应及时进行盘面修平和修锐工作，定期检查砂轮的质量情况，有损坏的需要及时更换砂轮。

(4) 软管出现多孔或裂缝时，应立即更换，对于破损的管路需及时更新，不允许修复后继续使用。

(5) 在维护检查时若发现有故障的零件需立即更换，任何需拆卸的部分必须进行相应标记。

2) 减薄机的日常保养项目

在进行减薄机的日常保养之前，一定要认真阅读操作说明书中的保养注意事项，严格遵守其要求，并且需将设备的主开关置于关闭状态(即“OFF”位置)。

减薄机的保养清洁是必不可少的日常工作，主要保养项目包括：

(1) 保证减薄机周围地面的干净与整洁。

(2) 对于减薄机的电气系统部分，则要经常清洁，严格禁止杂物或碎屑落下，清洗时不要把喷射水对准密封面(防止磨削碎屑进入主轴部分)。

(3) 定期对减薄机的循环水及滤芯进行清洗和更换。

(4) 定期清洁排水管内部，以保证冷却液顺利排出。

(5) 定期对承载台进行清洗，保证其洁净度。

电气系统的润滑操作也是减薄机保养工作的关键一环，需要注意以下内容：

(1) 润滑之前彻底地清洁内接头。

(2) 在更换油或油脂时，应确保所用的油脂是厂商指定或推荐使用的。

(3) 处理清洁原料和溶剂、黏结剂、润滑剂等废弃物时，必须遵守事故预防有关条例以及环境保护相关制度，以防事故和火灾的发生。

(4) 注意观察各个步进电机润滑油液面的高度，定期补给。

3) 减薄机常见故障

减薄机工作时会遇到一些故障，这里列举几项减薄机比较常见的故障。

在设备运行过程中，常见的生产异常有：减薄的晶圆均匀性较差、减薄后厚度不符合要求、减薄后晶圆表面有明显划痕或出现裂痕等。

常见的设备故障有：真空异常、工作台不能移动、转速仪表上不显示转速、冷却水未供给、减薄时工作轴不旋转、自动修整操作不能正常启动等。

2.2.4　晶圆划片

2.2.3　晶圆划片

1. 晶圆划片

晶圆划片又称晶圆切割，是将加工完成的晶圆上的一颗颗晶粒切割分离，完成切割后，一颗颗晶粒按晶圆原有的形状有序地排列在蓝膜上。此处所说的“晶粒”即晶圆上的电路，通常在生产中称其为“芯片”。如图 2-30 所示是经过划片后的晶圆效果图。

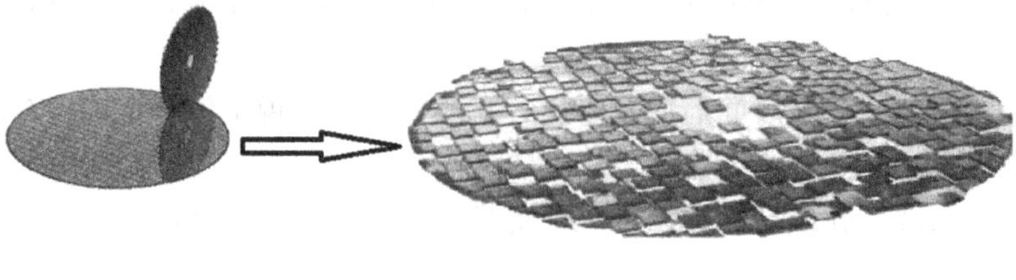

图 2-30　晶圆划片效果

晶圆划片有机械切割和激光切割两种方式，但由于激光切割成本较高，所以目前机械切割较为常见。机械切割方式通常使用砂轮刀和金刚刀作为划片工具。

2. 晶圆划片设备

晶圆划片在划片机(也称切割机)上进行，它是指在制有完整集成电路芯片的半导体圆片表面按预定通道刻画出网状沟槽，以便将其分裂成单个管芯的设备。

根据自动化程度，晶圆划片机可分为半自动划片机和全自动划片机。根据划片方式，晶圆划片机可分为机械划片机和激光划片机。如图 2-31 所示是机械划片机的示意图。

图 2-31　机械划片机

划片机使用时，将贴膜完成的晶圆放置在切割机的承载台上，承载台以一定速度沿切割道方向呈直线运动。通过主轴驱动圆形砂轮刀高速旋转，其随承载台的移动沿晶圆的切割道进行切割，晶粒之间就被切割开来了。切割是在晶圆正面按照水平切割形式进行的，待所有 X 轴方向切割完成后，切割平面旋转 90°，以相同方式对 Y 轴进行切割。如图 2-32 所示是划片机的划片区运行示意图。如图 2-33 所示为划片机的工作原理图。

图 2-32　晶圆划片

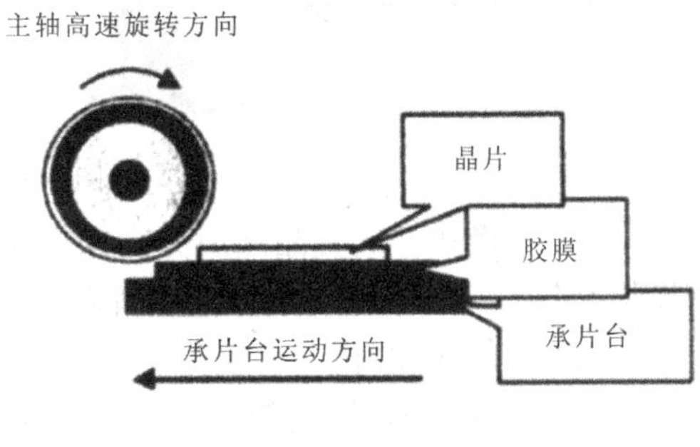

图 2-33　划片工作原理

划片机在启动前需要认真检查压缩空气、冷却水的供给以及设备软管等是否正常，并且要确认划片刀安装牢固。划片机的一般操作步骤如下：

(1) 打开划片机的电源键，使划片机接通电源。

(2) 选择对应的划片程序。

(3) 确认所选择的程序，对划片参数进行核对或编辑。

(4) 将晶圆片放到承载台上，并开启真空，将晶圆吸附。

(5) 若选用了半自动划片模式，则需要先进行对刀操作，调整载片台位置，保证划片刀能在晶圆切割道上精准切割。

(6) 开始划片。

(7) 划片结束，解除真空吸附，取出晶圆。

3. 晶圆划片操作

晶圆划片前需要完成晶圆的贴膜操作，以保证划片顺利进行，晶圆划片工艺的流程步骤一般包括来料整理、程序调用、放置晶圆、划片操作、下片、晶圆清洗和质量检查。

(1) 来料整理。在开始操作前需要清理工位，保证该工位整洁且无其他批号的晶圆，防止发生混批的情况。领取待划片的晶圆后核对该实物晶圆批号、数量等是否与随件单一致，核对一致后方可进行操作。

(2) 程序调用。开始操作划片机前需要正确启动划片机，打开系统，在程序文件中选择与晶圆品种对应的划片程序，进入后确认程序，包括程序是否选择正确以及检查基本设定；涉及深度、步进、刀速等参数内容时，应进行参数的确认与修改。确认后选择半自动或全自动切割模式。

(3) 放置晶圆。打开划片区的保护盖(及仓门)，将待划片的晶圆正面朝上放置于载片台上，确认晶圆贴片环的定位缺口与载片台上的定位钉一致，使晶圆放置位置准确且在载片台的中央，进一步保证晶圆在划片时能够牢固吸附不移位。如图 2-34 所示为晶圆放置之后的实物图。

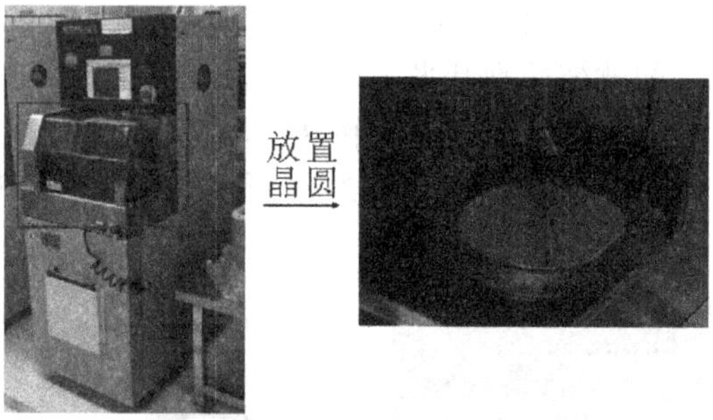

图 2-34　放置晶圆

(4) 划片操作。放置晶圆后关闭保护盖，开始划片操作。划片机在启动前需要认真检查压缩空气、冷却水的供给以及设备软管等是否正常，并且要确认划片刀安装牢固。划片机的一般操作步骤如下：

① 打开划片机的电源键，使划片机接通电源。

② 选择对应的划片程序。

③ 确认所选择的程序，对划片参数进行核对或编辑。

④ 将晶圆片放到承载台上，并开启真空，将晶圆吸附。

⑤ 若选用了半自动划片模式，则需要先进行对刀操作，调整载片台位置，保证划片刀能在晶圆切割道上精准切割。

⑥ 开始划片。

⑦ 划片结束，解除真空吸附，取出晶圆。

(5) 下片。划片完毕解除真空，此时开启仓门，取出晶圆，先用氮气枪将晶圆和工作载片台上的冷却水吹干，准备放入下一片晶圆。

(6) 晶圆清洗。在切割过程中会产生硅粉尘，为清除晶圆表面残余的粉尘保证晶圆表面的洁净，取出的晶圆需要在清洗机内进行清洗，通常在清洗机中进行。如图 2-35 所示为晶圆清洗机。

图 2-35　晶圆清洗机

(7) 质量检查。晶圆划片后的外观检查主要检验是否出现废品，通常称为第二道光检，该检查需要借助显微镜。划片与检查数据需做好记录，以便后期参考与追溯。

通过以上步骤，晶圆划片完成，然后装盒，即可进入下一个加工环节。

4. 划片机日常维护与常见故障

为保证划片机正常运行，需要定期对减薄机维护和保养，并能及时发现和辨别常见故障。

1) 划片机的日常维护

为保证划片机的使用寿命，应做好设备日常点检以及维护工作，在维护过程中注意不要将物品遗忘在运动部件或设备中。维护应根据需求与不同的设备进行调整，划片机的日常维护常见内容包括：

(1) 定期检查切割区防水罩有无破损以及密封处有无渗漏，若发现问题需及时维护。

(2) 定期检查吸盘平整度与刀架的紧固情况，若有松动需及时紧固处理。

(3) 定期检查夹刀的情况以及吸盘的平整度，有问题的需及时维护。

(4) 定期检查刀架的紧固情况，若有松动需及时紧固。

(5) 定期检查主轴冷却水路，发现问题需及时处理。

(6) 定期检查工作承载台各个方向的直线型、平行度，并检查主轴刀架端面与工作承载台移动方向的平行度，及时调整，保证晶圆划片的正确作业，并减小设备损耗。

(7) 定期检查光源灯箱中的灯，发现问题及时更换。

(8) 定期检查划片区导轨防水罩和主轴碳刷，发现问题及时更换。

(9) 定期更换操作键盘的保护膜。

(10) 定期更换对准照明用的发光二极管。

2) 划片机的日常保养项目

划片机是一种高精密设备，它的精度稳定性、使用安全性与工作环境、保养质量有着密切的关系。划片机常见的日常保养与检查内容主要包括：

(1) 清洁主轴上的粉尘。

(2) 清洁切割区污物，并用气枪吹干承载台及周围水分。

(3) 检查供给电源、水源压力传感器的好坏。

(4) 用手拨动主轴，检查其转动情况。

(5) 检查承载台有无划痕或损伤。

(6) 检查急停开关的好坏。

(7) 检查切割区防水罩有无破损以及密封处有无渗漏。

(8) 检查吸盘平整度与刀架的紧固情况。

(9) 定期清洁真空发生器。

(10) 定期清洁测高传感器。

(11) 定期检查空气过滤器和微雾分离器滤芯，及时清理或更换。

(12) 检查导轨润滑情况，及时添加润滑脂。

3) 划片机常见故障

划片机在工作时会出现一些故障，常见的设备故障可以概括为以下几点：

(1) 由真空回路、气路、水路异常引发的故障。

① 电磁阀损坏或管道破裂、堵塞引起的真空、压空及纯水供给故障。

② 电磁阀或气缸等执行元器件供电异常。

③ 检测仪器异常，常见的有真空传感器、压力传感器或纯水流量传感器故障，导致检测数据异常，造成当前状态判断错误。

(2) 运动系统引起的故障。

① 伺服电机、步进电机故障引起的设备异常。

② 机械部件异常造成堵转、丢步以及精度变差等故障。

③ 运动反馈机构故障，导致误判、误运行等故障。

④ 电机驱动故障，导致各移动部件不运作等异常。

⑤ 软件故障，如主要机器参数配置异常或设置参数跳变引起机械系统运动异常。

(3) PC 机故障。

PC 机故障主要是操作系统及应用系统异常，或者数据传输、设备与计算机之间通信异常，进而导致设备无法正常运行。

扩展阅读：矽品科技

矽品科技是全球 IC 封装测试行业的知名企业，公司全称是中国台湾矽品精密工业股份有限公司，主要提供各项集成电路封装的制造、加工、买卖及测试等相关业务。矽品科技在先进封装技术上的研发一直处于领先地位，如 2000 年率先进入金属凸块(bumping)开发及量产，在 2002 年 11 月，世界第一片由量产线做出的十二寸晶圆凸块由矽品科技成功生产。矽品科技于 2009 年开始投入 TSV 相关封装技术平台，如 3DIC 及 2.5DIC(使用 Si Interposer)，并于 2014 年起陆续完成 28 nm 及 20 nm IC 产品在 3DIC 及 2.5DIC 平台上的验证。

任务计划

根据任务单要求、任务资讯内容以及收集整理的资料，填写如表 2-13 所示的任务计划单。

表 2-13　任务计划单

项目名称	AT89S51 芯片封装		
任务名称	AT89S51 芯片减薄与划片	建议学时	4
计划方式	分组讨论		
序号	任　务	时　间	负责人
1			
2			
3			
4			
5			
小组分工	讨论工艺流程所涉及的环节及其主要任务，充分细化，并落实到具体的成员，在规定的时间节点进行检查		
计划评价			

任务决策

根据对晶圆减薄与划片的基础知识的学习和理解，通过对相关工艺、对应设备的了解，总结出 AT89S51 封装减薄与划片工艺操作流程，结合 AT89S51 功能要求，提出两种不同封装类型的 AT89S51 工艺操作方案，并对其进行分析与对比。最终选择一种类型的封装。具体内容如表 2-14 所示。

表 2-14　任务决策单

项目名称	AT89S51 芯片封装				
任务名称	AT89S51 芯片减薄与划片			建议学时	4
方 案 计 划					
方案对比	序号	封装类型	贴膜	减薄	划片
评语					

任务实施

首先需要完成与芯片减薄与划片相关的资料收集任务，并将收集的资料作为编写方案的编制依据；再结合 AT89S51 的功能需求，编制完成“AT89S51 芯片减薄与划片的工艺操作方案”。 实施具体任务时，可以参照表 2-15 所示的步骤进行。

表 2-15　任务实施单

项目名称	AT89S51 芯片封装		
任务名称	AT89S51 芯片减薄与划片	建议学时	4
计划方式	分组讨论		
序号	实 施 步 骤		
1	小组破冰讨论项目任务		
2	小组成员根据自身特点及项目需求分配任务		
3	查询并收集整理资料		
4	小组成员分析项目，选择合理的论证资料		
5	组间成员交流学习		
6	小组成员完成项目任务方案		
7	项目展示，交流学习，对比选择最优方案		
8	完成项目方案编写		
9	制作汇报 PPT，归档		
10	总结		

在任务实施过程中，重要的工作内容可以参照表 2-16 所示的内容。

表 2-16　“AT89S51 芯片减薄与划片工艺操作方案”示例

项目名称	AT89S51 芯片封装				
任务名称	AT89S51 芯片减薄与划片				
晶 圆 贴 膜					
生产过程	设　备	步　骤			要　求
覆膜准备					
装片					
…					

续表

晶圆减薄					
生产过程	设 备	步 骤			要 求
晶圆划片					
生产过程	设 备	步 骤			要 求
(表格可添加)					

任务检查与评价

完成任务实施后，可采用小组互评等方式进行任务检查，具体检查内容如表 2-17 所示。

表 2-17 任务评价单

项目名称	AT89S51 芯片封装					
任务名称	AT89S51 芯片减薄与划片					
考核方式	过程考核					
说明	主要评价成员在项目实施过程中的操作方式、理论知识、学习态度、课堂表现、学习能力等其他能力					
考核内容与评价标准						
序号	内容	评价标准			成绩比例/(%)	自评分
		优	良	合格		
1	基本理论掌握	掌握晶圆贴膜、减薄与划片工艺的目的，掌握晶圆贴膜、减薄与划片工艺操作过程，掌握解决晶圆贴膜、减薄与划片工艺过程中常见问题的方法	掌握晶圆贴膜、减薄与划片工艺目的，掌握晶圆贴膜、减薄与划片工艺操作过程，了解解决晶圆贴膜、减薄与划片工艺过程中常见问题的方法	掌握晶圆贴膜、减薄与划片工艺目的，了解晶圆贴膜、减薄与划片工艺操作过程，了解解决晶圆贴膜、减薄与划片工艺过程中常见问题的方法	30	

续表

序号	内容	评价标准			成绩比例/(%)	自评分
		优	良	合格		
2	实践操作技能	能够准确阐述晶圆贴膜、减薄与划片工艺的目的，能够熟练使用晶圆贴膜机、减薄机与划片机，能够快速解决晶圆贴膜、减薄与划片工艺过程中常见的问题	能够准确阐述晶圆贴膜、减薄与划片工艺的目的，能够熟练使用晶圆贴膜机、减薄机与划片机，基本能够解决晶圆贴膜、减薄与划片工艺过程中常见的问题	能够准确阐述晶圆贴膜、减薄与划片工艺的目的，基本能够使用晶圆贴膜机、减薄机与划片机，基本能够解决晶圆贴膜、减薄与划片工艺过程中常见的问题	30	
3	职业核心能力	具有良好的自主学习能力和分析解决问题的能力	具有较好的学习能力和分析解决问题的能力	能够主动学习并收集信息，具备一定的分析解决问题的能力	10	
4	工作作风与职业道德	具有严谨的科学态度和工匠精神，能够严格遵守“6S”管理制度	具有良好的科学态度和工匠精神，能够自觉遵守“6S”管理制度	具有较好的科学态度和工匠精神，能够遵守“6S”管理制度	10	
5	小组评价	具有良好的团队合作精神及沟通交流能力，热心帮助小组其他成员	具有较好的团队合作精神和与人交流的能力，能帮助小组其他成员	具有一定的团队合作能力，能配合小组完成项目任务	10	
6	教师评价	包括以上所有内容	包括以上所有内容	包括以上所有内容	10	
合计					100	

教学反馈

任务结束后，可采用分组方式进行教学评价，具体内容如表 2-18 所示。

表 2-18　教学反馈单

项目名称	AT89S51 芯片封装		
任务名称	AT89S51 芯片减薄与划片	建议学时	4
序　号	调 查 内 容	是/否	反馈意见
1	知识点是否讲解清楚		
2	解答是否及时		
3	重难点是否突出		
4	课堂组织是否合理		
5	逻辑是否清晰		

续表

本次任务的兴趣点	
本次任务的成就点	
本次任务的疑虑点	

2.3 任务三 AT89S51 芯片粘接与键合

任务要求：

(1) 掌握芯片粘接与芯片键合的工艺目的。

(2) 掌握芯片粘接与芯片键合的操作过程。

(3) 掌握解决芯片粘接与芯片键合过程中常见的问题的方法。

(4) 根据任务单要求进行任务计划及实施。

任 务 单

本任务需要完成双列直插式封装和四边扁平引脚封装的芯片粘接与键合工艺操作，设计AT89S51 生产工艺流程，并解决工艺过程中常见的产品问题，具体任务单内容如表 2-19 所示。

表 2-19 任 务 单

项目名称	AT89S51 芯片封装
任务名称	AT89S51 芯粘接与键合
任 务 要 求	
1. 任务开展要求。 (1) 任务开展方式为分组讨论，每组 3～5 人。 (2) 所需资料自行收集。 2. 完成芯片粘接与键合工艺的资料收集与整理。 3. 提交 AT89S51 芯片粘接与键合的工艺操作方案。	
任 务 准 备	
1. 知识准备。 (1) 粘接工艺目的、工艺分类及工艺流程。 (2) 芯片互连工艺目的和工艺流程。 (3) 键合工艺步骤和键合方式。 2. 设备支持。 在该任务实施过程中需要准备的工具包括： (1) 仪器：贴片机、键合机或者虚拟工作平台。 (2) 工具：电脑、书籍资料、网络。	

续表

工 作 步 骤
(1) 小组成员破冰沟通，分析工作任务，根据成员特点完成任务分工。 (2) 小组成员根据分工各自完成相应任务。 (3) 小组成员再次合作制订操作方案。 (4) 与其他小组成员进行交流学习。 (5) 小组成员共同讨论并完成操作方案的编写。 (6) 小组成员展示操作方案。
总 结 与 提 高
1. 小组自评。 (1) 对组内的每个组员的工作作风进行相互评价。 (2) 分析组内分工的合理性。 2. 小组互评。 (1) 对其他小组项目内容进行评价及提问。 (2) 对其他小组成员的工作态度进行评价。 3. 拓展提高。 (1) 总结归纳评价意见，组内讨论完善方案。 (2) 提交操作方案，进一步规范操作方案的编写。

本任务需要先熟悉芯片粘接与键合的工艺流程，并通过查询资料，进一步完善实际工艺中芯片粘接与键合工艺的知识储备。自主学习资讯单如表 2-20 所示。

表 2-20　自主学习资讯单

项目名称	AT89S51 芯片封装
任务名称	AT89S51 芯片粘接与键合
实施方式	资料查询、小组分工、小组讨论、组间交流、成果展示、项目评价、总结提高
任务资讯	(1) 芯片粘接的作用是什么？ (2) 芯片粘接的工艺分类有哪些？ (3) 芯片互连的方式有哪些？ (4) 引线键合的工艺过程是什么？ (5) 贴片机和键合机的日常维护与常见故障是什么？

任 务 资 讯

2.3.1　芯片粘接工艺流程

2.3.1　芯片粘接

1. 芯片粘接介绍

芯片粘接(die bonding 或 die mount)也称为芯片粘贴，是将 IC 芯片固定于封装基板或引脚架芯片的承载座上的工艺过程，如图 2-36 所示。已切割下来的芯片需贴装到引脚架的中间焊盘上，焊盘的尺寸要与芯片大小相匹配。若焊盘尺寸太大，则会导致引线跨度太大，在转移成型过程中会由于流动产生的应力而造成引线弯曲及芯片位移等现象。

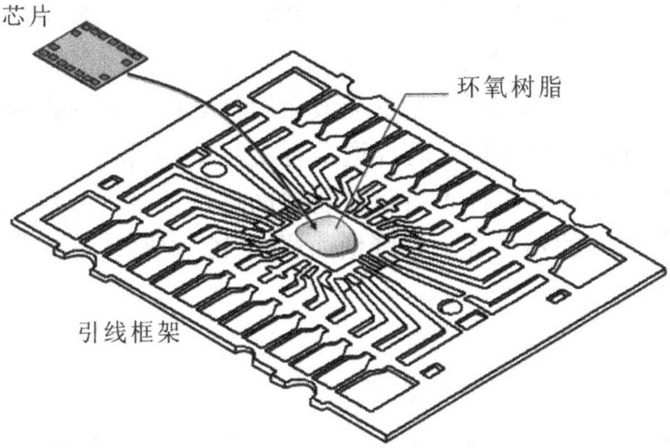

图 2-36 芯片粘接

芯片粘接要求芯片和引线架小岛的连接机械强度高，导热和导电性能好，装配定位准确，能满足自动键合的需要，能承受键合或封装时可能产生的高温，保证器件在各种条件下使用时有良好的可靠性。

芯片粘接工艺流程如图 2-37 所示，具体如下：

(1) 在引线架的小岛上用银浆分配器点好银浆。

(2) 抓片头将芯片从圆片抓至校正台上。

(3) 校正台将芯片的角度进行校正。

(4) 装片头将芯片由校正台装到引线架的小岛上，装片过程结束。

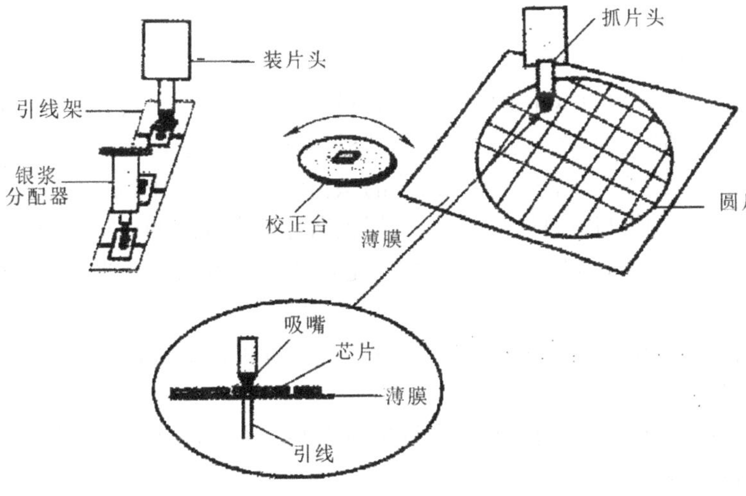

图 2-37 芯片粘接工艺流程

贴装的方式主要有共晶粘接法(Au-Si 共晶合金贴装到基板上)、焊接粘接法(Pb-Sn 合金焊接)、导电胶粘接法(在塑料封装中最常用的方法是使用高分子聚合物贴装到金属框架上)和玻璃胶粘接法四种。

1) 共晶粘接法

共晶粘接法利用 Au-Si 共晶(eutectic)粘接，IC 芯片与封装基板之间的粘接在陶瓷封装中有广泛的应用。

共晶粘接法是利用 Au-Si 合金(一般是 69%的 Au，31%的 Si)，在 363℃时的共晶熔合反应使 IC 芯片粘接固定。一般的工艺方法是将硅芯片置于已镀金膜的陶瓷基板芯片座上，再加热至约 425℃，借助 Au-Si 共晶反应液面的移动使硅逐渐扩散至金中而形成的紧密接合。在共晶粘接之前，封装基板与芯片通常有交互摩擦的动作用以除去芯片背面的硅氧化层，使共晶润湿性降低。润湿性不良将减弱界面粘接强度，并可能在接合面产生孔隙，若孔隙过大，则将使封装的热传导质量降低而影响 IC 电路运作的功能，也可能造成应力不均匀分布而导致 IC 芯片破裂。

2) 焊接粘接法

焊接粘接法是另一种利用合金反应进行芯片粘接的方法，其优点是热传导性好。工艺是将芯片背面淀积一定厚度的 Au 或 Ni，同时在焊盘上淀积 Au-Pd-Ag 和 Cu 的金属层。这样就可以使用 Pb-Sn 合金制作的合金焊料很好地将芯片焊接在焊盘上。焊接温度取决于 Pb-Sn 合金的具体成分。

焊接粘接法与前述的共晶粘接法均利用合金反应形成贴装。因为粘接的媒介是金属材料，所具有的良好热传导性质使其适合高功率元器件的封装。焊接粘接法所使用的材料可区分为硬质焊料与软质焊料两大类，硬质的 Au-Si、Au-Sn、Au-Ge 等焊料塑变应力值高，具有良好的抗疲劳(fatigue)与抗潜变(creep)特性，但使用硬质焊料的接合难以缓和热膨胀系数差异所引发的应力破坏。使用软质的 Pb-Sn、Pb-Ag-In 焊料则可以改变这一缺点，但使用软质焊料时必须先在 IC 芯片背面镀上类似制作焊锡凸块时的多层金属薄膜，以利焊料的润湿。焊接粘贴法的工艺应在热氮气或能防止氧化的环境中进行，以防止焊料的氧化及孔洞的形成。

3) 导电胶粘接法

导电胶是众所周知的填充银的高分子材料聚合物，是一种具有良好导热导电性能的环氧树脂。导电胶粘接法不要求芯片背面和基板具有金属化层，芯片粘接后，在导电胶固化要求的温度及时间下进行固化，可在洁净的烘箱中完成，操作起来简便易行。因此，该方法成为塑料封装常用的芯片粘接法。可以提供所需的电互连的三种导电胶的配方如下：

(1) 各向同性材料，它能沿所有方向导电，代替热敏元件上的焊料，也能用于需要接地的元器件。

(2) 导电硅橡胶，有助于保护器件免受环境的危害，如水、气，而且可屏蔽电磁和射频干扰(EMI/RFI)。

(3) 各向异性导电聚合物，它只允许电流沿某一方向流动，可提供倒装芯片元器件的电连接和消除应变。

以上三种类型导电胶都有两个共同点，即在接合表面形成化学结合和具有导电功能。

导电胶填充料是银颗粒或者是银薄片，填充量一般在 75%～80%之间，黏结剂都是导电的。但是，作为芯片的黏结剂，添加如此高含量的填充料，其目的是改善黏结剂的导热性，即为了散热。因为在塑料封装中，电路运行过程产生的绝大部分热量将通过芯片黏结剂和框架散发出去。

导电胶也可以制成胶带或固体膜，切割成适当大小置于 IC 芯片与基座之间，然后进行热压接合，这样能配合自动化大量生产。导电胶粘接法的缺点是热稳定性不好、容易在高温时发生劣化，并引发黏结剂中有机物气体成分泄漏而降低产品的可靠度，因此不适用于高可靠度的封装。

4) 玻璃胶粘接法

玻璃胶为低成本芯片粘接材料，使用玻璃胶进行芯片粘接是先以盖印(stamping)、网印(screen printing)、点胶(syringe dispense)的技术将胶原料涂布于基板的芯片座中，将 IC 芯片置放在玻璃胶上后，再将封装基板加热至玻璃熔融温度以上即可完成粘接，冷却过程中谨慎控制降温的速度以免造成应力破裂，这是使用玻璃粘接法应注意的事项。除了一般的玻璃胶之外，胶材中也可填入金属箔(银为最常使用的填充剂)，用以提升热、电传导性能。玻璃胶粘接法的优点为可以得到无空隙、热稳定性优良、低接合应力与低湿气含量的芯片粘接；它的缺点为胶中的有机成分与溶剂必须在热处理时完全去除，否则对封装结构及其可靠度将有所损害。

在塑料封装中，IC 芯片必须粘接固定在引脚架的芯片基座上，而玻璃必须在有特殊表面处理的铜合金引脚架上才能形成接合，对低成本的塑料封装而言则不经济。然而，玻璃胶粘接法可在玻璃胶与陶瓷材料之间形成良好的粘接，因此玻璃胶粘接法适用于陶瓷封装中。表 2-21 给出了各种芯片粘贴方法及其特点。

表 2-21　芯片粘接方法及特点

芯片粘接方法	原　理	特　点
共晶粘接法	利用 Au-Si 共晶反应进行芯片的粘接。需要在芯片背面镀金膜，使用 Au-Si 预型片	优：导电导热性能好。 缺：膨胀系数适配严重(即应力大)，芯片易开裂，自动化程度低。 应用：适用于小尺寸的芯片，常用于有特殊导电性要求的大功率晶体管
焊接粘接法	利用铅锡焊料合金反应进行芯片的粘接。需要芯片背面镀金或镍，焊盘淀积金属层	优：成本低，导热好，但略逊于共晶粘接。 缺：工艺复杂，焊料易氧化。 应用：适用于大功率晶体管和集成电路
导电胶粘接法	利用高分子材料聚合物导电胶固化进行芯片的粘接。导电胶有时也称银浆，其成分通常为环氧树脂填充一定的金属粉末(Ag)，其中环氧树脂作为黏结剂，银粉起增强导电性和导热性的作用	优：操作简单，成本低，导热好。 缺：热稳定性较差，可靠性较差。 应用：常用于塑料封装
玻璃胶粘接法	利用高分子材料聚合物玻璃胶进行芯片的粘接	优：成本低，无缝隙，热稳定性好，结合应力低，湿气含量低。 缺：需完全去除有机成分和溶剂，否则易对封装结构及其可靠性造成损害。 应用：常用于陶瓷封装

2. 芯片粘接设备

导电胶粘接法是最为常用的芯片粘接方式，低成本且能配合自动化生产是其广为应用的主要原因。导电胶粘接法是在装片机上实现芯片的自动粘接的，装片机外观如图 2-38 所示。

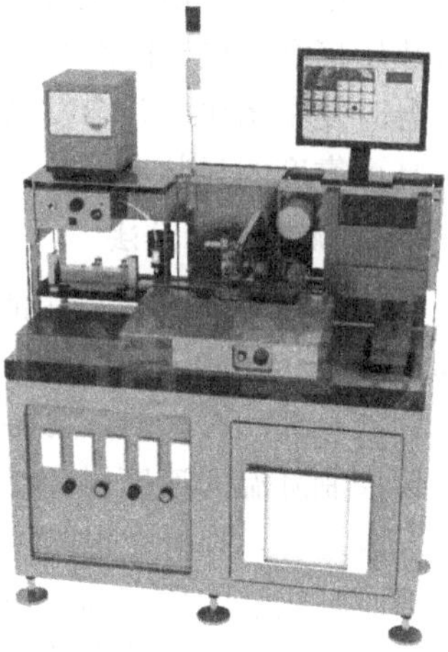

图 2-38　装片机外观

图 2-39 为装片机的点胶区，图 2-40 为装片机的上芯区，具体的装片过程如下：

(1) 银浆分配器(即点胶头)将银浆涂布在引线框架的芯片座上(此动作称为点胶或点浆，且要保证合适的厚度和轮廓)。

(2) 引线框架移至下一位置。

(3) 机械手臂利用吸嘴将经过切割的晶圆上的晶粒精确地放置在芯片座上。

(4) 引线框架与晶粒实现粘接，装片过程结束。

其中，吸嘴吸取芯片的原则是若没有识别到芯片，则进行换行识别或停止粘片；若识别芯片不合格(墨点、缺角、崩边、无图形等)，则不吸取该芯片，移动到下一个芯片进行识别；若识别芯片合格，则吸嘴吸取该芯片。

图 2-39　点胶区

图 2-40　上芯区

3. 芯片手动粘接工艺流程

不同封装材料和封装形式采用的粘接方法不同，本小节以 AT89S51 的塑料封装为例，介绍手动焊接粘接法的操作流程。

当操作员接收到完成晶圆划片工序的物料后，即可进行芯片粘接工序操作。芯片粘接工序的操作流程主要包含封装材料准备、芯片装架、烧结等步骤，工艺进行过程中需要进行质量检查。

1) 封装材料准备

粘接工艺操作之前应准备好封装材料，其中最重要的是芯片和管壳清洗。一般使用超声清洗机对芯片进行清洗。

(1) 芯片清洗。将芯片倒入丙酮中，使用超声清洗机清洗 4～5 分钟；滤干丙酮后，倒入无水酒精(乙醇)再次超声清洗 4～5 分钟。然后使用去离子水多次冲洗，并使用无水酒精脱水。

(2) 管壳清洗。将管座浸入盛有丙酮的干燥塔 45 分钟左右，滤干丙酮后再用无水酒精浸泡 30 分钟，最后用去离子水冲洗。

(3) 管帽清洗。将管帽浸入去离子水中，使用超声清洗机清洗 5 分钟后取出。

(4) 烘干。将清洗好的底座、管帽、芯片放入烘箱烘干，待用。

2) 芯片装架

使用真空吸笔将芯片及焊料等放置到管座芯片粘接区域。

(1) 放置焊料。用真空吸笔将铅锡焊料片吸起，平置于管座上。

(2) 放置芯片。用同样的方法，将芯片吸起，轻放于焊料片之上。芯片的放置方向应注意键合方向，并确保芯片处于焊料片区域中心。

(3) 盖板放置。为防止烧结时夹子夹持器件而损坏器件，应在管芯上方放置保护膜、石英片。用真空吸笔将铝箔轻覆于芯片之上，再将硅盖板、石英片依次放置其上。

(4) 芯片固定。用钼夹子将管座、焊料片、芯片、盖板、石英片夹住固定，将装架好的工件放入钼舟等待烧结。

3) 烧结

烧结时经过高温加热熔化芯片与底座之间的焊料，使芯片与底座牢靠地结合起来。

(1) 烧结准备。将器件放入烧结炉，调节烧结气氛(氢气，点燃)和参数(烧结温度 320℃±5℃，烧结时间 10～12 分钟)。

(2) 烧结。将装有待烧结工件的钼舟放入高温扩散炉口，开始烧结。

(3) 冷却。烧结完成后，使用钼推拉钩将钼舟平稳地拉至冷却区，冷却时间不低于 5 分钟。

(4) 卸架。冷却后，将工件取出并将钼夹子轻轻取下，再依次取下石英盖板、硅盖板。然后检查烧结质量，将烧结好的工件放入托盘。

4. 自动芯片粘接设备

除了手动焊接粘接法之外，导电胶粘接法是最为常用的芯片粘接方式，低成本且能配合自动化生产是其广为应用的主要原因。在塑料封装中通常采用导电胶粘接法实现芯片的自动粘接，采用的设备称为装片机。如图 2-41 所示为自动装片机外观，如图 2-42 和图 2-43 所示分别为装片机的点胶区和上芯区。

图 2-41　自动装片机外观

图 2-42　装片机点胶区

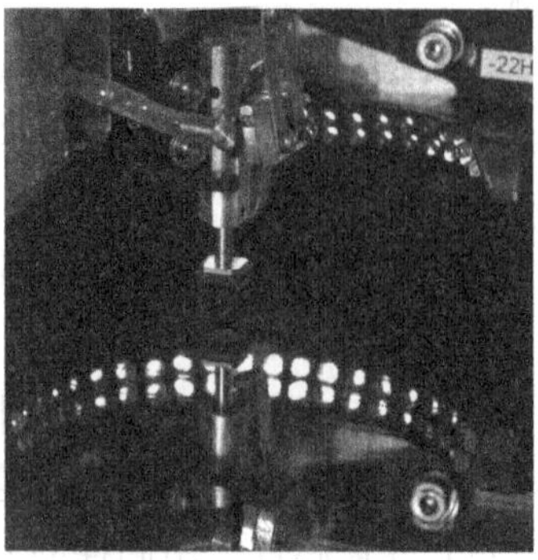

图 2-43　装片机上芯区

5. 自动导电胶芯片粘接操作流程

当操作员接收到完成晶圆划片工序的物料后，即可进行芯片粘接工序操作。芯片粘接工序的操作流程主要包含领料确认、装料、参数设置、粘接、收料、银浆固化、质量检查等步骤，工艺操作过程中需要进行质量检查。

1) 领料确认

操作员确保工位整洁后，领取需要进行芯片粘接的晶圆以及对应规格的引线框架，其中不同的芯片会对应不同的引线框架型号，因为引线框架晶粒座的大小、引脚的个数都与芯片有关。领取物料后需要确认物料的正确性和合格性，准备进行操作，具体要求如下：

(1) 确认引线框架的规格、型号，检查引线框架的镀层质量。

(2) 核对晶圆的规格、批号、产品名称是否与随件单一致。

(3) 检查银浆是否为生产所要求的型号、规格以及是否在有效期限内。

(4) 检查点胶头规格、质量是否符合要求。

(5) 检查吸嘴尺寸、安装是否符合要求。

(6) 检查料盒规格是否符合要求。

2) 装料

装料过程需要完成引线框架、晶圆、银浆、料盒等的添加，具体要求如下：

(1) 添加引线框架。将领取的引线框架放到装片机的上料区，在添加引线框架时需要检查引线框架的共面性，并注意引线框架在设备上的放置方向。

(2) 添加晶圆。将完成划片的晶圆固定在载片台上，在放置晶圆时需保证防静电环接地，并注意晶圆在载片台上的放置方向，避免因一时疏忽造成不必要的损失。

(3) 添加银浆。将完成回温的银浆添加至针筒内(点胶时银浆的容器)，并安装好点浆时所需的点胶头，添加完成后需要将滴溅出来的银浆擦拭干净。

(4) 添加料盒。根据封装形式不同选择相应的料盒，并将料盒放置到装片机的收料区。料盒也可作为引线框架盒，用于放置引线框架以及处在引线框架区域内的芯片，如图2-44 所示。在放置料盒时应注意料盒的方向，并记录对应

图 2-44　引线框架盒

的料盒编号，防止在加工过程中出现混批现象。

3) 参数设置

在系统操作界面上进行参数设置，需要对取晶零点、取晶高度、固晶高度、顶针步数、运输钩针步进、载片台步进、真空值、银浆注射量等参数进行设置，同时需要调整摄像头、吸嘴、顶针、载片台的位置。参数设置完成即可运行设备。

4) 粘接

芯片粘接过程由装片机(又称为粘片机)自动完成，通过传动装置控制带有钩针的连接杆来移动引线框架，引线框架由传输轨道依次完成上料、点胶、取芯装片、下料等环节。上料区与芯片粘接区示意图如图 2-45 所示。

图 2-45 上料区与芯片粘接区示意图

5) 收料

粘接完成的引线框架经由传输装置送至收料区的料盒中，料盒接收完该引线框架后下移一定位置，等待接收下一个完成粘接的引线框架。当一个料盒装满后，装片机将其送至料盒的收纳区，并夹持新的空料盒继续下料，若空料盒使用完则需要人工添补料盒。收料区如图 2-46 所示。

图 2-46 收料区示意图

6) 银浆固化

为了使芯片与引线框架之间焊接牢固，需要利用银浆在高温下能完全反应的特性，进行银浆固化处理。操作员将贴装完成的框架放于烘干箱中，通常是在 175℃的环境下高温烘烤 1 个小时。

7) 质量检查

芯片粘接的质量检查一般采用抽检的方式，在芯片粘接工序完成一部分的装片之后，抽取部分完成芯片粘接的引线框架，利用显微镜进行粘接的质量检查，并记录抽检的检查结果。

所有工作完成后应及时打扫卫生，收拾物料，保持设备清洁，并与下一道工序的操作员进行产品交接工作。

点胶头属于自动装片机的配件产品，是在引线框架的芯片座上进行点银浆的部件，点胶头的针头形状有矩形和圆形两种，如图 2-47 所示。

(a) 矩形：X 型　(b) 矩形：双 Y 型　(c) 圆形

图 2-47　点胶头

在实际操作的点胶过程中，应根据芯片大小和引线框架上的芯片座(焊盘)的大小来选取点胶头。当焊盘大小相差不大时，可以选取同一种针头，但是对于相差悬殊的焊盘就要选取不同的针头，这样既可以保证点胶质量，又可以提高生产效率。

由于设备的不同，点胶头的选取也会有所差异，自动装片机大部分采用不锈钢点胶头。每次工作开始前应校准针头与焊盘的距离。

装片机的点胶部位由针筒、点胶头以及控制驱动部件组成，针筒用于容纳点胶时需要的银浆。领取点胶头时，操作员必须领取对应的装配图，且必须遵守以“一换一”的原则，即将原来的点胶头归还后方可领取下一个点胶头，方便点胶头的管理。

应根据芯片的尺寸来选择更换的点胶头，更换点胶头前应先检查点胶头的规格是否符合要求，点胶头的出胶孔是否通畅，要求其无堵塞、无污物黏附，若存在杂物则应用酒精棉将点胶头清洗干净后方可安装使用。当出现以下情况时，需要进行点胶头的更换：

(1) 更换不在同范围内的芯片。

(2) 装片机停机超过 4 小时(因设备型号和企业的不同，会有所不同)。

(3) 更换银浆类型。

(4) 点胶头堵塞。

(5) 点胶头损坏。

需要注意的是，在更换完银浆后要清洁一下导轨，并且在更换点胶头后需要进行测高，测高时使用的引线框架上不能有银浆。

2.3.2　芯片互连

1. 芯片互连

集成电路芯片互连是将芯片焊区与电子封装外壳的 I/O 引线或基板上的金属布线焊区相连接，只有实现芯片与封装结构的电路连接才能发挥已有的功能，如图 2-48 所示。

芯片互连常见的方法有引线键合(Wire Bonding，WB)、载带自动键合(Tape Automated

Bonding，TAB)、倒装芯片键合(Flip Chip Bonding，FCB)三种。其中，倒装芯片键合也称为反转式芯片互连或控制坍塌芯片互连(Controlled Collapse Chip Connection，C4)。这三种互连技术对于不同的封装形式和集成电路芯片集成度(Input/ Output Count，I/O)的限制各有不同的应用范围。

图 2-48　芯片互连

2.3.2　芯片互连介绍

引线键合在诸多封装连接方式中占据主导地位，其应用比例几乎达到九成，这是因为它具备工艺实现简单、成本低廉等优点。随着半导体封装技术的发展，引线键合在未来一段时间内仍将是封装连接中的主流方式。

键合方式目前主要有热压键合、超声波键合和热压超声波键合三种。

(1) 热压键合。引线在温度高于 250℃、热压头的压力作用下发生形变，产生塑性变形，此时在金属交界面处接近原子力的范围，金属间的原子相互扩散，形成牢固的焊接。

(2) 超声波键合。在压头压力作用下，金属与被焊件之间会产生超声频率的弹性振动，可破坏接触面上的氧化层且产生热量，从而使两个原本为固态的金属牢固键合。该过程既不需要外界加热，也不需要电流、焊剂，对被焊件的物理化学特性无影响。

(3) 热压超声波键合。键合工艺为热压焊与超声焊的结合。在超声波键合的同时对加热板和劈刀加热，加热的温度约为 150℃。加热可以促进金属间原始交界面的原子相互扩散及增强分子间的作用力。键合加热温度低、键合强度高等优点使得热压超声波键合成为键合方式的主力军。

在一定值的温度环境中，芯片作用在劈刀压力下并加载超声振动，引线的一端键合在芯片的焊盘上，另一端键合在基板、芯片、引线框架的引脚上，实现芯片电路与外部其他部件电路的电性连接。焊球键合方式操作方便灵活，焊球结合牢固，占用面积大，同时键合的方向无定性，因此可以实现灵活的工艺选择性及高速度的焊接。

2. 引键合线材料

键合线是引线键合工艺中重要的原材料之一，其材料、丝线直径、电导率、剪切强度、抗拉强度、弹性模量、泊松比、硬度、热胀系数等是关键因素。在键合线选材时需要满足以下几点要求：

(1) 键合线材料必须是高导电的，以确保信号完整不被破坏。

(2) 球形键合的键合线直径不应超过焊盘尺寸的 1/4，楔形键合则不超过 1/3，键合线直径越大其熔断电流也越大，即可传导的电流也越大。

(3) 焊盘和键合材料的剪切强度和抗拉强度很重要，键合强度需要满足要求。

(4) 键合线和焊盘硬度要匹配，如果键合线硬度大于焊盘，则会产生弹坑；如果小于焊盘，则容易将能量传给基板。

理想的引线材料应该具有化学性能稳定，与半导体材料之间的结合力强，电阻率低(导电性能强)、可塑性好，能够在键合过程中保持一定的几何形状等特点，故在键合工艺中通常使用金线作为键合丝线。但由于成本问题或一些特殊需要，铜线、铝线、银线等则常被用于引线键合工艺中。

常用的引线键合材料有金线、铝线及近年来常用的铜线。金线在引线键合中得到了广泛的应用，具有耐腐蚀、韧性佳、电导率大、导热性能良好等优势。铝线常用楔键方式，因为铝线形成焊球非常困难，主要应用于大间距的焊盘芯片、微波器件、光电器件等。随着半导体微电子的发展，低成本、高可靠性、高工艺控制性的新材料也将日益增多。

表 2-22 中列举了金线、铝线、铜线的特点。

表 2-22　金线、铝线、铜线的特点

材　料	特　　点
金	适合焊球与压焊
	高导流能力
	高导热能力
	线径多样化
	价格高
铝	压合方式焊接
	载流能力弱
	热传导差
	不适合细间距芯片焊盘的键合
	键合时不需要芯片背部加热
铜	价格低廉，仅为金线成本的 1/3～1/10
	载流能力强，高于金线
	导热能力强，高于金线
	高刚度，可以适合细小间距键合
	铜、铝之间的扩散速度低于金、铝
	容易被氧化，工艺不稳定
	硬度强，键合需要更大压力，容易造成芯片破坏

3. 引线的类型

1) 标准线弧

标准线弧一般为长度小于 2.5 mm 的线弧，如图 2-49 所示。

2) FLAT 线弧

FLAT 线弧在中间部位有一段平坦的线，用来增加整个线弧的长度，如图 2-50 所示。

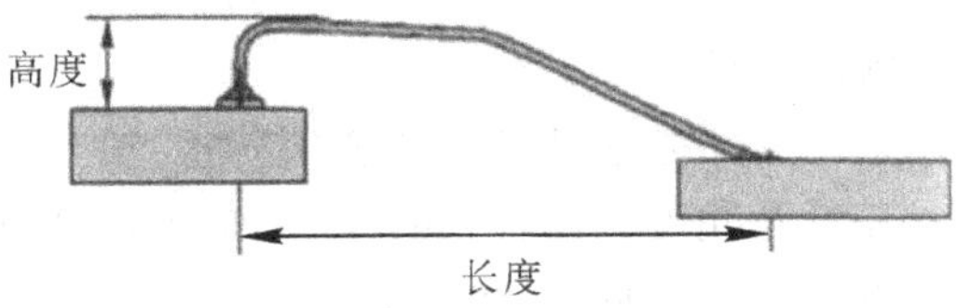

图 2-49　标准线弧

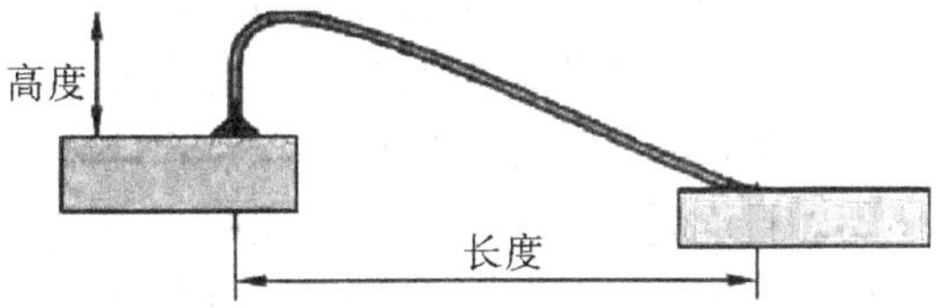

图 2-50　FLAT 线弧

3) J 型线弧

J 型线弧在线弧的颈脖处向侧面产生弯曲，再形成一段水平平坦的线弧，适合特殊应用，如图 2-51 所示。

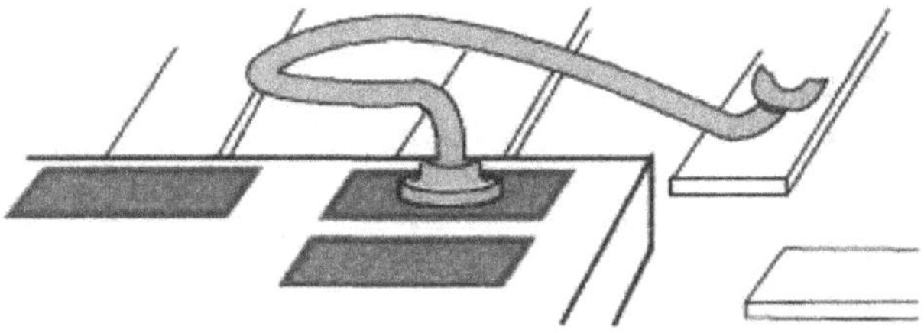

图 2-51　J 型线弧

4. 工艺流程

引线键合过程包括产生焊球、焊球、形成线弧形状、第二点落下、焊接第二点、拉断金线。

1) 产生焊球

在电火花作用下将金线烧结成金球，如图 2-52 所示。

2) 焊球

将金球与芯片的焊盘压合，使焊球焊接在芯片焊盘上，在压合过程中伴有超声波振动及芯片底部加热的作用，如图 2-53 所示。

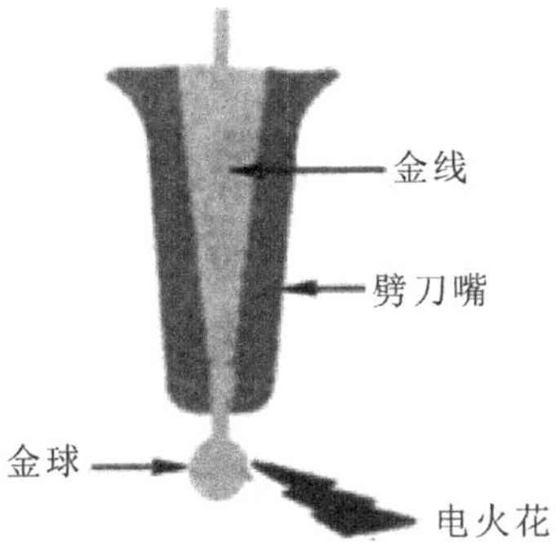

图 2-52　产生焊球

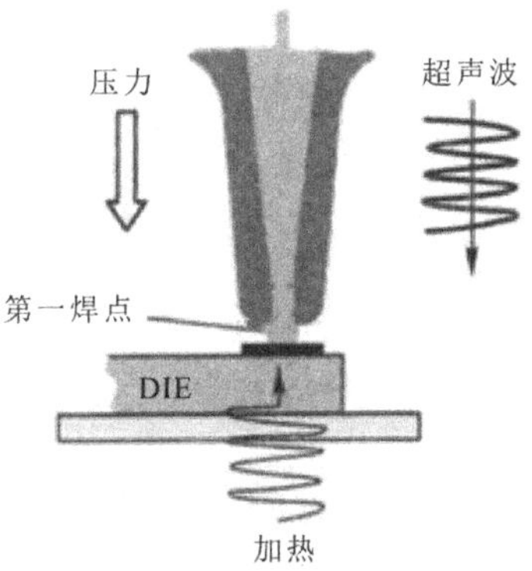

图 2-53　焊球

3) 形成线弧形状

线型形状的形成起始于焊球，终止于线型最高点。到达最高点之后，劈刀开始下降，此时金线被夹子固定直至落在基板焊盘上并粘接。在这个过程中确定了线弧的长度、高度、形状。

完成第一点焊球的绑定后，劈刀会上升至最高点或往回路产生一至二道折弯路径，改善线型的稳固性。折弯路径适合高要求、长线弧的线型。

折弯路径产生在完成第一点焊球之后，朝第二点绑定方向相反的方向进行。第一次折弯的目的是增强稳固性及在第二点绑定之前调整线型角度。比较长的线型(如 2.5～3 mm)则需增加第二次折弯路径，是指在第一次折弯的基础上再朝第二点绑定方向的相反方向折弯，产生一个清晰的轮廓。第二次折弯路径是为了在较长线条件下使线型更加稳固，且提供一个有一定长度的平坦线型区域，用于拉长线弧，如图 2-54 所示。

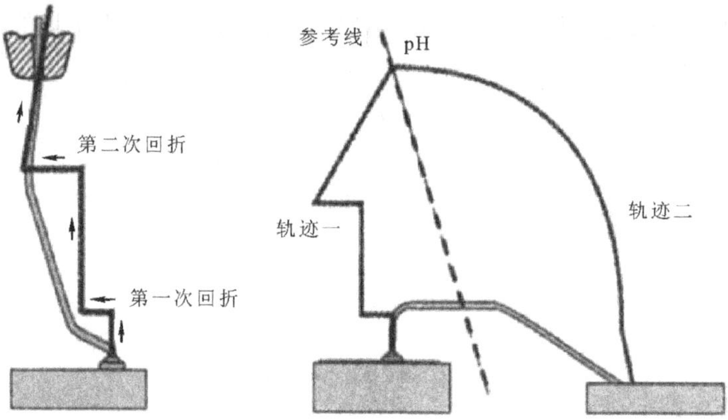

图 2-54　线弧形成过程

4) 第二点落下

第二点落下区域开始于劈刀最高点，止于绑线焊盘，落下轨迹严格按照设置的参数进行，如图 2-55 所示。在此过程中，焊球上方的线颈脖区域受拉力作用敏感，容易发生颈脖式断裂，需特别注意设置相关参数。

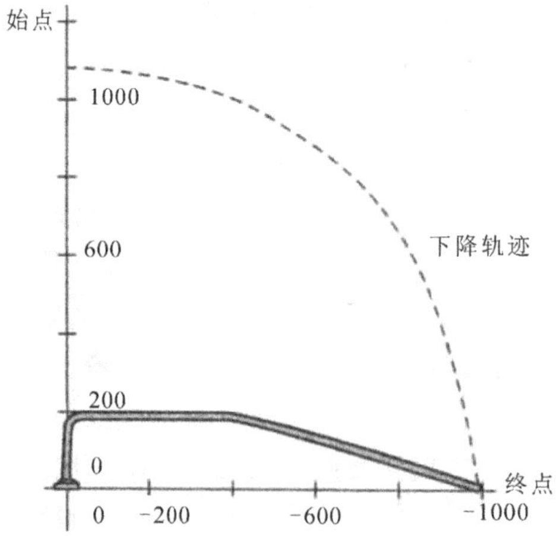

图 2-55　第二点落下过程

5) 焊接第二点

劈刀落至第二点焊盘，劈刀上方的夹子夹紧金线，劈刀下压，伴随超声波振动，焊盘底部加热，如图 2-56 所示。

6) 拉断金线

完成金线与焊盘的粘接后，劈刀将会上升抬起拉断金线，在焊盘上留有鱼尾，如图 2-57 所示。

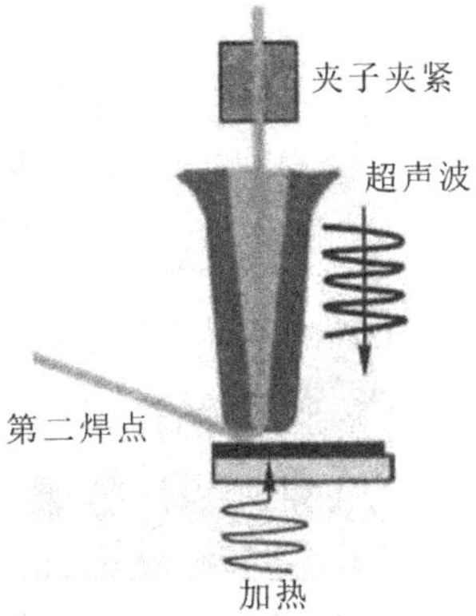

图 2-56　焊接第二点

图 2-57　劈刀抬起

图 2-58 中描述了引线键合的整个过程，包括焊球形成、焊接、线型产生、第二点压合、拉断金线等过程。

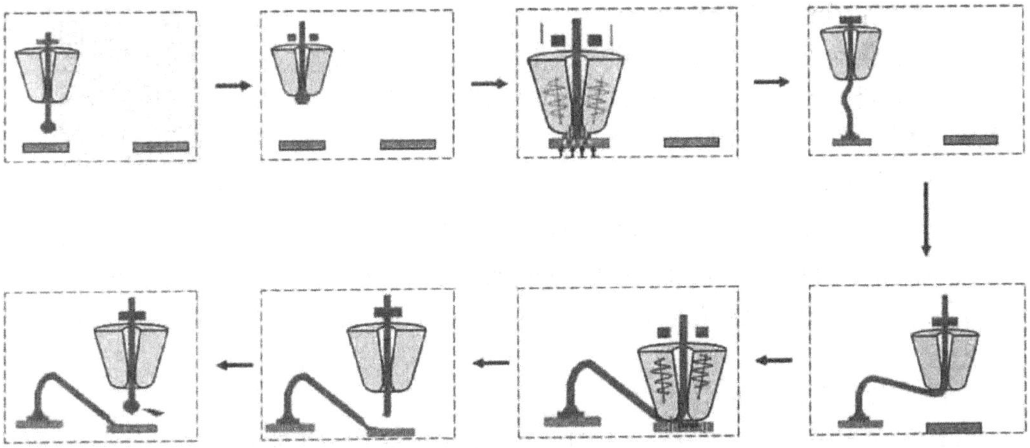

图 2-58　引线键合流程图

5. 引线键合设备

引线键合通过键合机实现。根据其自动化程度的不同，键合机可分为手动键合机和自动键合机。如图 2-59 所示为自动键合机的外观图，它是将多种功能集合于一身的设备，主要功能如下：

(1) 自动识别功能。在高速中央处理器的帮助下，键合设备能对图像进行分析处理，能找出图像的共同点，从而达到根据图像定位的目的。相关组成部分有电脑、摄像头、图像处理电路等。

(2) 自动送料功能。键合机能在完成目前单元的基础上自动送料，以达到全自动生产的效果。相关组成部分有工作台和升降台等。

(3) 自动焊接功能。电脑根据图像处理后的信息，驱动焊接平台运动到达工作坐标，完成焊接工作。其中包含一系列的动作，如利用高压放电来制造金球、检测焊接过程的完好程度等。

(4) 自动控温功能。能自动控制工作区的温度。

如图 2-60 所示是自动键合机的键合区。

图 2-59　键合机外观

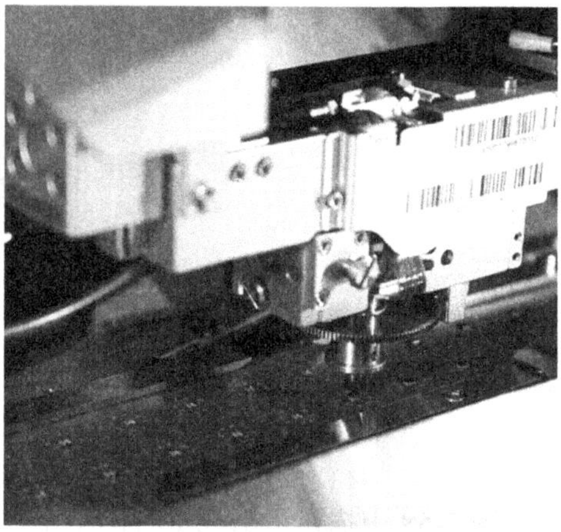

图 2-60　自动键合机的键合区

6. 引线键合的工艺操作

装片合格品进入引线键合工序时，由操作员进行键合的工艺操作。键合的工艺操作具体包括领料确认、装料、参数设置、键合、收料、质量检查等。

2.3.2　引线键合工艺流程

1) 领料确认

引线键合的操作员整理工位后领取引线键合工序的物料，包括完成芯片粘接的引线框架、键合线、料盒等，需要更换劈刀时则还要领取对应型号的劈刀。首先进行产品质量与信息确认，如发现问题应立即通知质量工程师或工艺工程师。需要进行确认的信息如下：

(1) 芯片表面是否沾污。

(2) 键合程序、键合线型号、劈刀型号、料盒号是否与随件单一致。

(3) 产品数量是否与随件单一致。

(4) 引线框架表面镀层是否合格，应无严重划伤、无变形。

2) 装料

信息确认无误后清洁焊盘和引线框架，一般有等离子清洁和紫外线臭氧清洁两种方式。然后开始装料，将装有完成装片的引线框架的料盒放置于键合机上料区，将空料盒放于键合机的下料区，将键合线穿入劈刀内。取用键合线时应拿住线轴空心处，手指不能触碰键合线，然后用镊子镊取线的一端进行装线操作。

3) 参数设置

在操作系统的界面上进行参数设置。先调用程序，找到文件菜单内对应的键合程序进行调用，若更换的产品无法找到适用的程序，则必须要建立新的程序。编写新程序需要设置的参数包括参考点设定、跳过的点设定、劈刀高度测量、侦测功能设定等，并完成键合位置、键合次序的校正工作，新程序确认后方可调取使用。

调取程序后还需要进行设备的参数调整，包括轨道高度、料盒升降台、焊接参数、线弧、打火高度等参数设置。参数确认正常后，启动自动键合，开始键合操作。

4) 键合

键合机运行时上料区的引线框架依次从料盒中进入运送轨道，到达键合区后键合机按照设定好的键合要求完成键合，每次进行键合时压板会自动下压以固定引线框架。引线框架上的芯片均键合完成后才会被送至下料区，如图 2-61 所示。

图 2-61 引线键合

5) 收料

键合完成的引线框架经由传输装置送至收料区的料盒中，料盒接收完该引线框架后下移一定位置，等待接收下一个完成键合的引线框架。当一个料盒装满后，键合机将其送至料盒收纳区，并夹持新的空料盒继续接收。

6) 质量检查

引线键合的质量检查一般采用抽检的方式，在该工序完成一部分的键合之后，抽取部分成品，利用显微镜进行引线键合的质量检查，并记录抽检的检查结果，若发现问题应及时调整后方可继续生产。

所有工作完成后应及时打扫卫生，收拾物料，保持设备清洁，并与下一道工序的操作员进行产品交接工作。

在引线键合操作过程中需要注意以下内容：

(1) 操作时必须保持轨道的清洁，确保送料顺畅。

(2) 操作过程中需保证键合线的洁净度，防止沾污。

(3) 键合机运行过程中要注意设备的运行情况，关注运行参数是否正常以及上料区、下料区、键合区是否缺乏物料，若是则应及时补料。

(4) 高温状态下操作员在作业时需注意安全，防止烫伤。

(5) 在上料区或下料区放置料盒时，需要小心卡手。

7. 键合对准

引线键合时第一焊点在芯片表面焊盘上，第二焊点在引线框架对应的引脚上，为保证键合位置的准确性，在开始键合前需要校准键合点的位置，该操作在键合机的显示器上进行。

校准由操作系统实现，通过视觉系统显示键合区的芯片焊盘和引线框架引脚的图像，对准时需要保证第一键合点和第二键合点在对应键合点的中央位置。键合时的图像显示如图 2-62 所示。

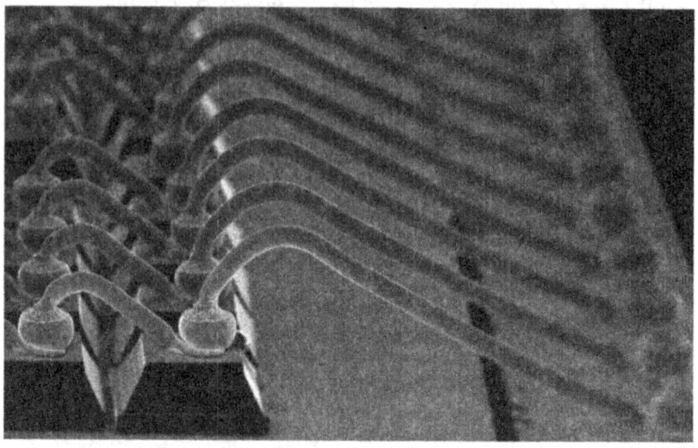

图 2-62　键合时图像显示

键合点位置设置完成需要手动运行，查看键合位置和键合质量是否合格，以测试校准情况。

2.3.3　日常维护

芯片贴装和引线键合工艺中，最主要的设备为装片机和键合机，为保证其正常运行，需要定期对其维护和保养，并能及时发现和辨别常见故障。

1. 装片机的日常维护

为保证装片机的正常运行以及延长其使用寿命，在做好日常保养的同时需要定期进行检查和维护，日常维护作业时必须保证设备处于不带电状态。装片机常见的一些定期检查与维护的内容如下：

(1) 检查设备的各个运动部分的平滑程度，确认是否有异常。

(2) 检查各路气管是否有松脱或破损，及时加固或更换。

(3) 检查控制电器元件，以免因此造成漏电及局部短路、接触不良。

(4) 检查控制面板上的各操作按钮，如果出现故障要及时更换。

(5) 维护和紧固各个联轴器。

(6) 检查传感器、磁性开关、压力开关和微动开关是否工作正常。

(7) 检查导向机构是否正常。

2. 装片机常见故障

1) 装片机运行过程中的异常情况

装片机在自动运行时绿色指示灯会亮起。使用过程中可能会遇到不同的异常现象，当设备运行异常时会发出报警或者提示，若影响操作，设备将自动暂停，黄色指示灯亮起。常见的装片机运行过程中的异常情况如下：

(1) 引线框架上料区无料报警。

(2) 载片台上无晶圆或晶圆已无合格晶粒，说明载片台上未放置晶圆或已完成该晶圆的粘接。

(3) 收料区无空料盒。

(4) 引线框架在轨道中卡料。

(5) 运行过程中偶尔有晶粒在被吸取时掉落。

2) 装片机的设备故障

运行时发生的异常故障操作员可以直接进行处理，当出现设备异常故障的情况时则需要技术员进行维修，此时蜂鸣器会响起，红色指示灯亮起，同时弹出报警画面。装片机比较常见的设备故障如下：

(1) 电源启动失败。

(2) 伺服电机运行失败。

(3) 传送引线框架失败。

(4) 吹起失败。

(5) 电动执行器运行失败。

(6) 引线框架下料失败。

(7) 吸片失败或不牢。

遇到这些情况时，需要关闭设备电源，并立即报告当班技术人员进行处理。技术人员检查相应部件，然后开机进入手动模式进行相应部件操作测试。

3. 键合机的日常维护

键合机的日常维护包括以下内容：

(1) 检查机台气管及接头有无漏气现象，发现问题要及时更换。

(2) 校正热板温度与显示器上显示的温度是否一致。

(3) 定期检查加热块是否缺损，确认不合格的要及时报废处理，并安装新的加热板。

(4) 定期检查键合线夹具，若发现变形严重或长时间使用严重磨损的夹具应及时报废并更换，为减少夹具的磨损可在其背面贴耐温胶皮。

(5) 设备运行时需确认设备内部无不正常响声和气味，若发现异常应及时关闭设备，防止异常状态下运行造成不必要的损失。

(6) 确认设备的气压表指针在标识的范围内。

4. 键合机的保养项目

需按保养规范做好键合机的机台保养，保持机台的清洁。常见的键合机保养项目包含以下几方面：

1) 日保养

(1) 外观。用无尘布沾少许酒精将机箱和真空泵表面擦拭干净，不可在机台上留有过多的酒精。保养过程中注意安全，保养完成后酒精瓶不能放在机台上。

(2) 打火杆。用棉花棒蘸酒精进行清洁，清洁完成后要重新穿线才可作业，防止滑球。

(3) 机台气压。观察机台总气压是否在规定范围内，一般大气压表为 0.5 MPa，小气压表为 0.3 MPa。

2) 周保养

(1) 接地。观察机器设备有无接地，用万用表测量机台与地之间是否导通。

(2) 送线路径。用棉花棒蘸少许酒精对键合线路径进行擦拭，保证键合线路径的洁净，防止键合线在送线过程中受污染或者卡线。

(3) 空气过滤器。保养时需要清除空气过滤器内的废水、废油。其方法是将无尘布放在过滤器的废水出口处，按住开关按钮，待过滤器内的废水、废油排干净后，再将无尘布取走并丢入垃圾桶内。

(4) 气压。检查机台气管及接头有无漏气现象。

3) 月保养/年保养

机台内部需进行月/年保养。对机台平时未进行保养的部位进行全面清洁，包括马达驱动、电路板表面、开关内部等的灰尘清理。

5. 键合机常见故障

键合机在运行过程中经常会遇到一些运行故障需要操作人员进行处理，待处理完成还需继续键合操作。常见故障报警内容如下：

(1) 没有烧成球或断线。

(2) 第一焊点或第二焊点不粘连。

(3) 芯片图像存在问题、第一焊点或第二焊点搜索失败、索引图像寻找超出范围等。

(4) 引线框架移动时在轨道卡料，引线框架上料或下料时在料盒中堵塞。

(5) 上料区无料或收料区无空料盒，键合线已用完。

(6) 引线框架位置错误。

(7) 推杆位置错误。

(8) 出料台面满。

(9) 进料或出料感应器错误。

(10) 打火杆无法正常工作。

扩展阅读：安靠技术

安靠技术(Amkor Technology)是全球排名前十的封测企业，亦是世界上半导体封装和测试外包服务业中最大的独立供应商。安靠技术成立于 1968 年，在全球六个国家拥有生产制造基地。2015 年，安靠技术并购了日本公司 J-Devices。其业务市场主要是通信相关的产品，包括智能手机、平板电脑及便携设备等，最近几年的产品主要是汽车电子。

任务计划

根据任务单要求、任务资讯内容以及收集整理的资料，填写表 2-23 所示的任务计划单。

表 2-23　任务计划单

项目名称	AT89S51 芯片封装		
任务名称	AT89S51 芯片粘接与键合	建议学时	2
计划方式	分组讨论		
序号	任　务	时 间	负责人
1			
2			
3			
4			
5			
小组分工	讨论工艺流程所涉及的环节及其主要任务，充分细化，并落实到具体的成员，在规定的时间节点进行检查		
计划评价			

任务决策

根据对芯片粘接与键合的基础知识的学习和理解，通过对相关工艺、对应设备的了解，总结出 AT89S51 封装减薄与划片工艺操作流程，结合 AT89S51 功能要求，提出完成两种不同封装类型的 AT89S51 工艺操作方案，填入表 2-24 的任务决策单，并对其进行分析与对比，最终选择一种类型的封装。

表 2-24　任务决策单

项目名称	AT89S51 芯片封装			
任务名称	AT89S51 芯片粘接与键合		建议学时	2
方案计划				
方案对比	序号	封装类型	芯片粘接	引线键合
评语				

任务实施

首先需要完成芯片粘接与键合相关的资料收集任务，并将收集的资料作为编写方案的编制依据；再结合 AT89S51 的功能需求，编制完成“AT89S51 芯片粘接与键合的工艺操作方案”。实施具体任务时，可以参照表 2-25 所示的步骤进行。

表 2-25　任务实施单

项目名称	AT89S51 芯片封装		
任务名称	AT89S51 芯片粘接与键合	建议学时	2
计划方式	分组讨论		
序号	实施步骤		
1	小组破冰讨论项目任务		
2	小组成员根据自身特点及项目需求分配任务		
3	查询并收集整理资料		
4	小组成员分析项目，选择合理的论证资料		
5	组间成员交流学习		
6	小组成员完成项目任务方案		
7	项目展示，交流学习，对比选择最优方案		
8	完成项目方案编写		
9	制作汇报 PPT，归档		
10	总结		

在任务实施过程中，重要的工作内容可以参照表 2-26 所示的内容。

表 2-26　“AT89S51 芯片粘接与键合工艺操作方案”示例

项目名称	AT89S51 芯片封装				
任务名称	AT89S51 芯片粘接与键合				
芯片粘接					
工艺流程					
材料选择					
生产过程	设备	步骤			参数要求
引线键合					
工艺流程					
材料选择					
生产过程	设备	步骤			参数要求
(表格可添加)					

任务检查与评价

完成任务实施后，可采用小组互评等方式进行任务检查，具体检查内容如表2-27所示。

表2-27 任务评价单

项目名称	AT89S51芯片封装					
任务名称	AT89S51芯片粘接与键合					
考核方式	过程考核					
说明	主要评价成员在项目实施过程中的操作方式、理论知识、学习态度、课堂表现、学习能力等其他能力					
考核内容与评价标准						
序号	内容	评价标准			成绩比例/(%)	自评分
		优	良	合格		
1	基本理论掌握	掌握芯片粘接与芯片键合的工艺目的，掌握芯片粘接与芯片键合的工艺操作过程，掌握解决芯片粘接与芯片键合工艺过程中常见问题的方法	掌握芯片粘接与芯片键合的工艺目的，掌握芯片粘接与芯片键合的工艺操作过程，了解解决芯片粘接与芯片键合工艺过程中常见问题的方法	掌握芯片粘接与芯片键合的工艺目的，了解芯片粘接与芯片键合的工艺操作过程，了解解决芯片粘接与芯片键合工艺过程中常见问题的方法	30	
2	实践操作技能	能够准确阐述芯片粘接与芯片键合的工艺目的，能够熟练使用贴片机与键合机，能够快速解决芯片粘接与芯片键合工艺过程中常见的问题	能够准确阐述芯片粘接与芯片键合的工艺目的，能够熟练使用贴片机与键合机，基本能够解决芯片粘接与芯片键合工艺过程中常见的问题	能够准确阐述芯片粘接与芯片键合的工艺目的，基本能够使用贴片机与键合机，基本能够解决芯片粘接与芯片键合工艺过程中常见的问题	30	
3	职业核心能力	具有良好的自主学习能力和分析解决问题的能力	具有较好的学习能力和分析解决问题的能力	能够主动学习并收集信息，具备一定的分析解决问题的能力	10	
4	工作作风与职业道德	具有严谨的科学态度和工匠精神，能够严格遵守“6S”管理制度	具有良好的科学态度和工匠精神，能够自觉遵守“6S”管理制度	具有较好的科学态度和工匠精神，能够遵守“6S”管理制度	10	
5	小组评价	具有良好的团队合作精神及沟通交流能力，热心帮助小组其他成员	具有较好的团队合作精神和与人交流的能力，能帮助小组其他成员	具有一定的团队合作能力，能配合小组完成项目任务	10	
6	教师评价	包括以上所有内容	包括以上所有内容	包括以上所有内容	10	
合计					100	

教学反馈

任务结束后，可采用分组方式进行教学评价，具体内容如表 2-28 所示。

表 2-28 教学反馈单

项目名称	AT89S51 芯片封装		
任务名称	AT89S51 芯片粘接与键合	建议学时	2
序 号	调 查 内 容	是/否	反馈意见
1	知识点是否讲解清楚		
2	解答是否及时		
3	重难点是否突出		
4	课堂组织是否合理		
5	逻辑是否清晰		
本次任务的兴趣点			
本次任务的成就点			
本次任务的疑虑点			

2.4 任务四 AT89S51 芯片塑封成型

任务要求：

(1) 掌握芯片塑料封装、激光打码和去飞边毛刺的工艺目的。

(2) 掌握塑料封装、激光打码和去飞边毛刺的操作过程。

(3) 掌握解决塑料封装、激光打码工艺过程中常见问题的方法。

(4) 根据任务单要求进行任务计划及实施。

任务单

本任务需要完成双列直插式封装和四边扁平引脚封装的塑封成型工艺操作，设计 AT89S51 生产工艺流程，并解决工艺过程中常见的产品问题，具体任务单内容如表 2-29 所示。

表 2-29 任 务 单

项目名称	AT89S51 芯片封装
任务名称	AT89S51 芯片塑封成型
任 务 要 求	
1. 任务开展要求。 (1) 任务开展方式为分组讨论，每组 3～5 人。 (2) 所需资料自行收集。 2. 完成芯片塑封成型工艺的资料收集与整理。 3. 提交 AT89S51 芯片塑封成型的工艺操作方案。	
任 务 准 备	
1. 知识准备。 (1) 芯片成型工艺分类。 (2) 芯片塑料封装常用的工艺。 (3) 芯片塑料封装成型工艺过程。 (4) 打码常用的工艺类型。 (5) 去飞边毛刺的作用。 2. 设备支持。 在该任务实施过程中需要准备的工具包括： (1) 仪器：塑封机、激光打码机或者虚拟工作平台。 (2) 工具：电脑、书籍资料、网络。	
工 作 步 骤	
(1) 小组成员破冰沟通，分析工作任务，根据成员特点完成任务分工。 (2) 小组成员根据分工各自完成相应任务。 (3) 小组成员再次合作制定操作方案。 (4) 与其他小组成员进行交流学习。 (5) 小组成员共同讨论并完成操作方案的编写。 (6) 小组成员展示操作方案。	
总 结 与 提 高	
1. 小组自评。 (1) 对组内的每个组员的工作作风进行相互评价。 (2) 分析组内分工的合理性。 2. 小组互评。 (1) 对其他小组项目内容进行评价及提问。 (2) 对其他小组成员的工作态度进行评价。 3. 拓展提高。 (1) 总结归纳评价意见，组内讨论完善方案。 (2) 提交操作方案，进一步规范操作方案的编写。	

本任务需要先熟悉芯片塑封成型的工艺流程，并通过查询资料，进一步完善实际工艺中芯片塑封成型工艺的知识储备。自主学习资讯单如表 2-30 所示。

表 2-30　自主学习资讯单

项目名称	AT89S51 芯片封装
任务名称	AT89S51 芯片塑封成型
实施方式	资料查询、小组分工、小组讨论、组间交流、成果展示、项目评价、总结提高
任务资讯	(1) 常用的封装材料有哪些？ (2) 塑料封装特点有哪些？ (3) 常用的塑料封装工艺有哪些？ (4) 激光打标的工艺流程是什么？ (5) 为什么要去除飞边毛刺？ (6) 工艺操作的注意事项有哪些？

任 务 资 讯

2.4.1　塑料封装

2.4.1　封装成型(塑封)

1. 塑封工艺介绍

为了防止外部环境的冲击，芯片连接好后即可进行封装，即将裸露的芯片与引线框架“包装”起来，如图 2-63 所示为塑料封装前后的对比图。

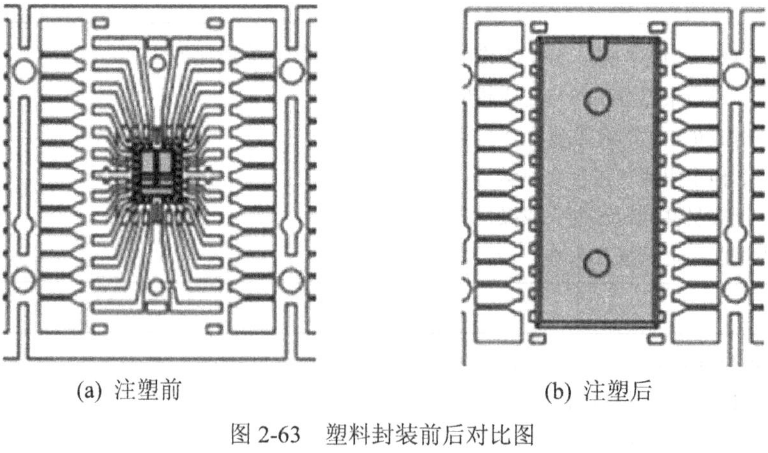

(a) 注塑前　　(b) 注塑后

图 2-63　塑料封装前后对比图

集成电路密封的目的包括以下几个方面：

(1) 使芯片与外界环境隔绝，保护电路不受环境影响(外部冲击、热、水等)，并保证其表面的清洁。

(2) 以机械方式支持引线框架。

(3) 散热，将内部产热排出。

(4) 提供可手持的形体。

2. 封装形式

根据封装材料的不同，封装形式可分为玻璃封装、金属封装、陶瓷封装和塑料封装等，但是从成本的角度和其他方面综合考虑，塑料封装是最为常用的封装方式，占据了市场份额的90%左右。表2-31介绍了不同封装材料封装形式的特点。

表2-31 不同封装材料封装形式的特点

封装方法	特　点
玻璃封装	气密性好，重量轻，价格便宜，但机械性和散热性差
金属封装	稳定性、可靠性高，散热好，具有电磁屏蔽作用，但成本高、重量大、体积大，高频工作有寄生效应。主要用于军工或航天技术
陶瓷封装	高频绝缘性好，多用于高频、超高频和微波器件。它优于金属封装，也多用于军事产品
塑料封装	重量轻，体积小，有利于微型化，成本低，生产效率高，但机械性能差，导热能力弱，对电磁不能屏蔽。主要用于消费电子产品

塑料封装简称塑封，其具有成本低、工艺简单、工作温度低、可靠性高等优点，目前使用的封装材料大部分都是聚合物。塑封之后的形体称为塑封体。

塑料封装的成型技术包括转移成型技术、喷射成型技术、预成型技术，其中转移成型技术最为普遍。转移成型法密封微电子器件有许多优点，它的技术和设备都比较成熟，工艺周期短，成本低，适合大批量生产；当然它也有一些明显的缺点，塑封料的利用率不高，对于高密度封装有限制。

3. 塑封设备

转移成型技术的典型工艺过程如下：将已贴装好芯片并完成芯片互连的引线框架置于模具中，将塑料材料预加热(90～95℃)，然后放进转移成型机的转移罐中。在转移成型活塞的压力之下，塑封料被挤压到浇道中，并经过浇口注入模腔(170～175℃)。塑封料在模具中快速固化，经过一段时间的保压，使得模块达到一定的硬度，然后用顶杆顶出模块并放入高温烘箱进一步固化。

转移成型技术的设备包括预热机、塑封机(即压机)和固化炉(即高温烘箱)，若引线框架预热时需要自动排片，还需要使用自动排片机。图2-64为各设备示意图。

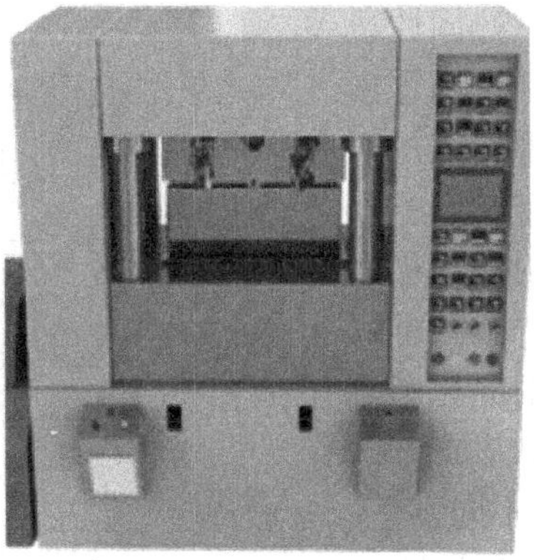

(a) 塑封机

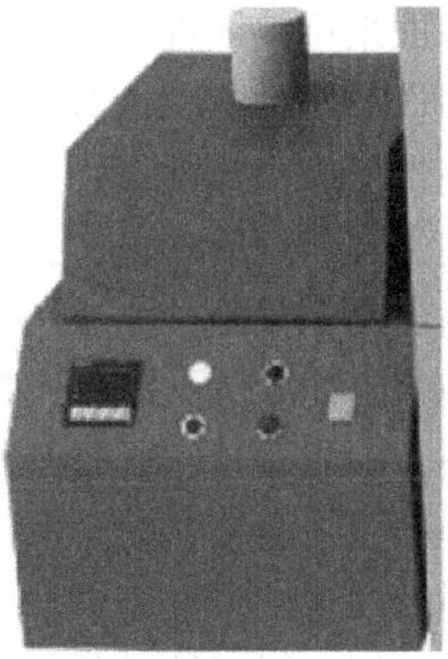

(b) 高频预热机

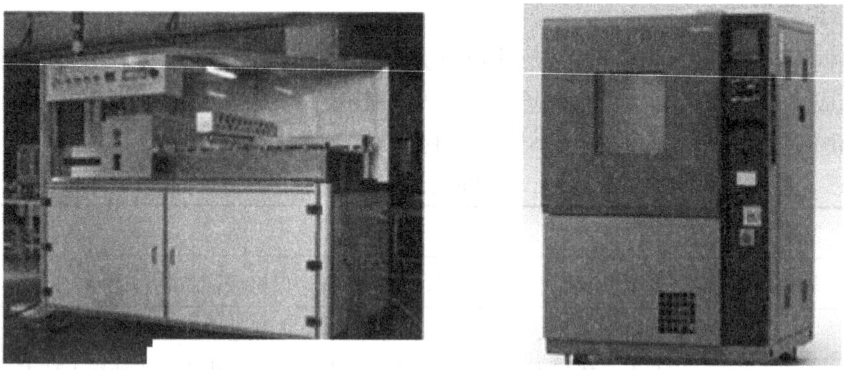

(c) 自动排片机　(d) 高温烘箱

图 2-64　转移成型技术设备外观

塑封机主要包含设置区、控制区和注塑区三部分，其注塑成型过程如图 2-65 所示。

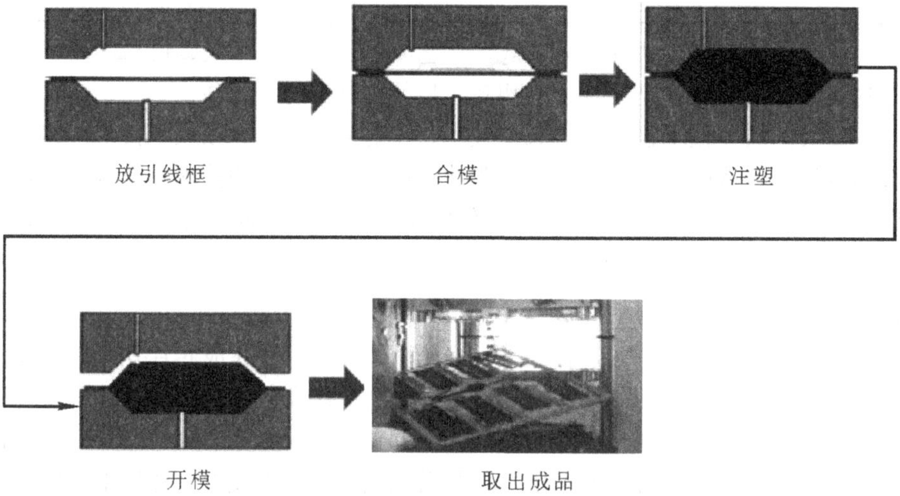

图 2-65　注塑成型过程

4. 塑封材料与模具

1) 塑封材料

塑封一般采用热固性塑料作为塑封料。热固性塑料是以热固性树脂为主要成分而制成的塑料，当它在低温时是塑性的或流动的；但加热到一定温度时，聚合物分子发生交联反应，形成刚性固体；若继续加热，则聚合物只能变软而不能熔化、流动。塑封料又称环氧塑封料，如图 2-66 所示，它主要应用于半导体器件、集成电路芯片的封装，它是以环氧树脂、酚醛树脂为基体树脂，硅微粉为填料配合多种助剂加工制成的。

图 2-66　塑封料

根据用户需要，环氧塑封料可制成各种不同颜色，一般使用黑、红、绿三种颜色，其中黑色最为常见。

在生产中，在进行塑封料的选择时，需注意以下几点要求：

(1) 与器件及引线框架的黏着力较好。

(2) 必须由高纯度材料组成，特别是离子级不纯物要极少。

(3) 吸水性、透湿率低。

(4) 热膨胀系数要高，导热率低。

(5) 成型收缩率和内部应力要小。

(6) 成型、硬化时间要短，脱模性要好。

(7) 流动性及充填好，飞边少。

2) 塑封模具

塑封模具一般可分为三类，分别为传统模、MGP 模和自动模，其中传统模和 MGP 模比较常见。图 2-67 所示为利用不同塑封模具完成注塑的产品。

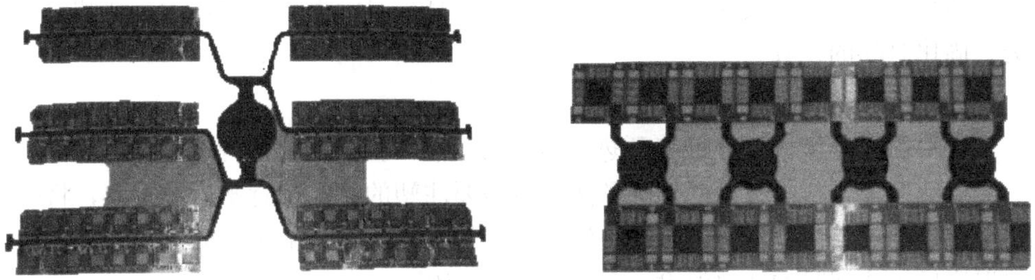

(a) 传统模产品　　(b) MPG 模、自动模产品

图 2-67　注塑产品

传统模即手动模。MGP 模即半自动多注塑头塑封模具。自动模自动化程度最高，包括上料、塑封、冲胶道口、收料等全自动过程。

注塑模具的结构主要包括上模、下模、定位块、模盒、型腔镶条、料筒、注塑头和顶杆等部分。注塑模腔(即型腔)的形状决定了芯片外形(即塑封体的形状)，图 2-68 为注塑模具的上下模平面图。

图 2-68　注塑模具上下模平面图

5. 塑封的工艺操作流程

塑封工艺的主要操作步骤为领料确认、塑封机参数设置、上料合模、投料(即投放塑封料)、注塑成型、开模清模、高温固化。其中上料前先要做好前期准备，即完成引线框架和塑封料的预热工作。

1) 领料确认

领料前，整理工位，需保证本工位整洁且无其他批次产品，避免混料。

塑封工艺操作员接收到键合后的制品时，需要核对产品物料信息与随件单上信息是否一致，核对内容包括产品名称、批次编号、来料数、装片与键合工序中不良品的条数及颗数、料盒编号等，并检查引线框架有无明显变形、氧化、沾污等现象，保证引线框架质量符合要求。

核对信息正确后需要在随件单上签字确认。若信息不符，要及时反馈给上道工序操作员，并通知技术人员，待问题解决后方可进行塑封作业。

2) 塑封机参数设置

塑封机的参数设置在参数设置区完成，该区域主要包括温度设置盘、系统界面以及启动按键。

塑封机运行前需要完成参数设置，主要包括模具温度、合模压力、注塑时间、注塑压力、固化时间的设置。

3) 上料合模

上料前先要完成引线框架预热和塑封料预热，预热的具体内容如下：

引线框架预热：引线框架的预热即将需要注塑的制品进行塑封前加热，将引线框架加热至设定温度，该操作可以缩短引线框架在塑封机模具内的加热时间，提高生产效率，预热温度低于注塑时的加热温度，一般设定为150℃。

需要将上料架放置到预热台上，启动预热台使温度达到设定值，上料架和预热台外观分别如图2-69和图2-70所示。

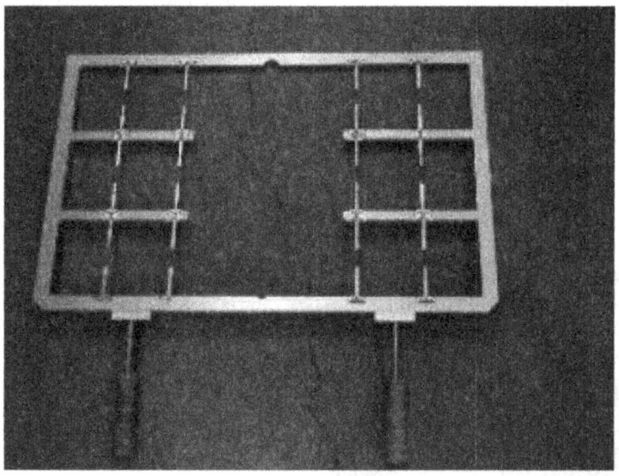

图2-69　上料架

图2-70　预热台

塑封料预热：塑封料预热即将饼状塑封料加热至设定温度，使其软化，便于投入到塑封机中进行灌胶，缩短其在模具里的加热时间，提高生产效率，预热温度一般设定为85～95℃。图2-71为高频预热机的预热区，预热位置放有塑封料。

预热工作完成后，即可开始上料操作，将装有预热引线框架的上料架水平拿起放入塑封模具中，正确定位，完成固定，保证框架都嵌入到模具对应的框架槽内，如图2-72所示。

上料完成后按下合模按钮，合模时通常是下模具台向上移动，使下模具与上模具紧密闭合，为注塑成型做好准备。

图 2-71 塑封料预热

图 2-72 上料

4) 投料

合模后将预热好的塑封料放入模具料筒内。

5) 注塑成型

完成上料和投料后，即可开始注塑。双手同时按下“安全连锁”和“注进”按钮进行注塑，注进进入慢速后，才可以松开“安全连锁”和“注进”按钮。注塑完成后，即自动开始固化。

6) 开模清模

到达设定的固化时间后，设备自动开模，通过顶针自动将定型好的制品从模具中顶出。操作员从模具上取出上料架，并取出已塑封好的引线框架，将引线框架与废弃塑封料分离。分离时手法要正确，确保引线框架不变形且引线框架上没有废料，如图 2-73 所示。

图 2-73 下料

下料之后用气枪对模具进行清理，如图 2-74 所示，并准备下一次作业。重复上料注塑的几个步骤操作，直至整批塑封完毕。作业完毕清理工作台，准备下一次作业。

图 2-74 气枪清理模具

为保证塑封的生产质量，在塑封过程中需进行质量检查，通常采用抽检的方式。另外在设备开机或调试、换班、换批、清模等情况下，需要进行首检，即对首模产品进场检查，检验人员确认符合质量要求后，方可进行批量塑封生产。

7) 高温固化

完成塑封的产品需要将塑封树脂进一步高温固化，称为后固化，其作用是消除塑封体内部的应力，保护芯片。该操作在高温烘箱内进行，通常固化温度设置为(175±5)℃，时间在 8 小时左右。

6. 塑封工艺操作注意事项

在塑封工艺的操作过程中，每一步都会影响最终产品的质量，需要注意以下内容：

(1) 塑封料领取后需要先在常温下进行回温，具体的回温时间根据塑封料以及室温确定(通常在 24 小时左右)，并且塑封料从冷藏状态取出后必须在规定的有效期内使用完毕。

(2) 生产时只能使用按工艺回温好的塑封料，并优先使用回温早的塑封料，且不得放在塑封机台上，应该放置在附近的凳子或桌面上。

(3) 新更换的模具必须使用特定的清洗剂洗模后使用，正在使用的模具必须定期进行清洗，需清洗干净，保证生产满足质量要求，不允许有洗模残渣留于上下模。

(4) 作业前应穿戴好个人防护用品，避免作业途中高温烫伤。

(5) 上料时需保证模具表面清洁，引线框架定位良好，防止模具压坏，并确保引线框架方向正确。

(6) 在生产中，操作人员严禁更改工艺参数，技术人员可根据生产的需要更改工艺参数，但需向工程师(产品负责人)申请，调试时例外，更改过的工艺参数需及时做好确认和交接。

(7) 高温烘箱使用前应进行检查，确认烘箱内无易燃物及其他无关物件。

(8) 必须保证产品在烘箱内冷却半小时。

7. 塑封机日常维护与常见故障

1) 塑封机的日常维护

塑封机的日常维护需要定期进行，具体包含以下内容：

(1) 检查上料框架动作是否顺畅，上料是否到位，若存在问题则需重新调整上料框架。

(2) 检查挤胶环磨损状况，观察挤胶头是否偏单边磨损，若发现问题则应及时更换挤胶环，并重新对模调整挤胶头和料筒中心位置。

(3) 检查模具表面、齿、模腔表面是否有损伤，模具维护要小心谨慎，不得用硬物刮或敲打模具，若有磨损需及时更换。

(4) 检查模具定位块有无磨损，是否偏单边，若存在问题需调整上下模定位块的方向，重新对模。

(5) 检查模具定位针有无损伤，及时更换损伤的定位针。

(6) 检查顶针深度是否正常，复位是否良好，及时调整，若发现顶针磨损需进行更换。

(7) 检查浇口镶件有无磨损，对后道有无影响，及时更换新的浇口镶件。

(8) 检查挤胶头和料筒磨损情况，及时更换挤胶头或料筒。

(9) 检查上料框架压板有无缺损，螺丝是否松动，定位块有无磨损，若发现问题要及时更换压板，螺丝点胶锁紧，及时更换定位块。

2) 塑封机常见故障

塑封机在运行过程中会发生一些故障而影响生产，操作员在操作时需留意设备的运行情况，及时发现故障并做出相应处理，减少损失。

塑封机运行时常见故障如下：

(1) 设备运行噪音大。

(2) 上、下模具错位或合模不均。

(3) 溢胶。

(4) 引线框架压痕过深。

(5) 粘模。

(6) 顶杆磨损或断裂。

(7) 浇口堵塞。

(8) 开合模异常。

(9) 无法注进。

(10) 模具未加热。

2.4.2　激光打标

2.4.2　激光打标

塑封后的塑封体表面是没有任何标记的，此时如果发生混料或散落等情况会很难辨识，而且也不便于后期的跟踪，所以塑封之后通常会在产品的正面或背面进行打标操作。

打标的目的就是在塑封模块的顶面印上无法去除、字迹清楚的字母和标志，包括(但不局限于)制造商的信息、国家、器件代码、商品的规格、产品名称、生产日期、生产批次等，主要是为了识别和跟踪。封装过程中要保证良好的打标质量，生产中会因为打标不清晰或字迹断裂而导致退货重新打标的情况发生。

1. 打标方式

在芯片上印字的方式有很多，主要包括：

(1) 直印式。直接像印章一样将内容印在塑封体上。

(2) 转印式。使用转印头，从字模上将内容蘸印，转而将字印在塑封体上。

(3) 镭射刻印式。利用激光直接在塑封体上刻印内容。

直印式和转印式均使用油墨，油墨打标字迹比较深，对比清晰，但对模块表面要求较高，若模块表面有沾污现象，油墨就不易印上去，且油墨比较容易擦除。

激光打标精度较高、字迹不易擦除，且不产生机械挤压和应力，不会损害被加工芯片，热影响区域也较小，但相较于油墨打标而言，它的字迹较淡，对比不明显。激光打标利用高能量、高密度的激光对工件某一个部分进行照射，使其表层材料汽化或发生颜色变化，从而留下永久性的标记，如图 2-75 所示。

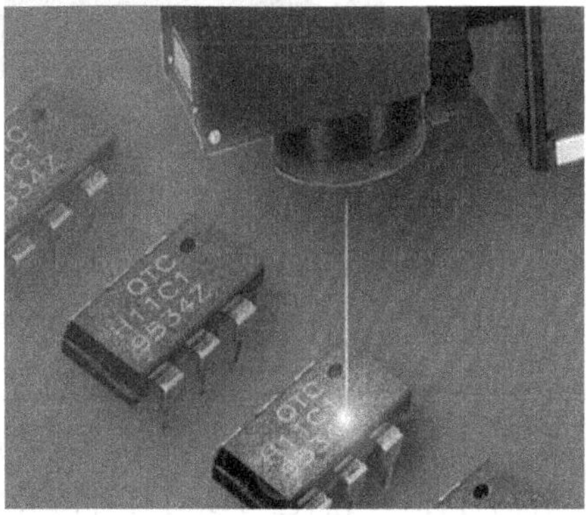

图 2-75　激光打标原理

塑封或激光打标之后，需要通过电镀或浸锡的方式在引线框架外露的部位覆上防氧化的锡层，用于保护外露的芯片引脚。

2. 激光打标设备

激光打标一般在激光打标机上进行，图 2-76 为激光打标机的外观示意图。

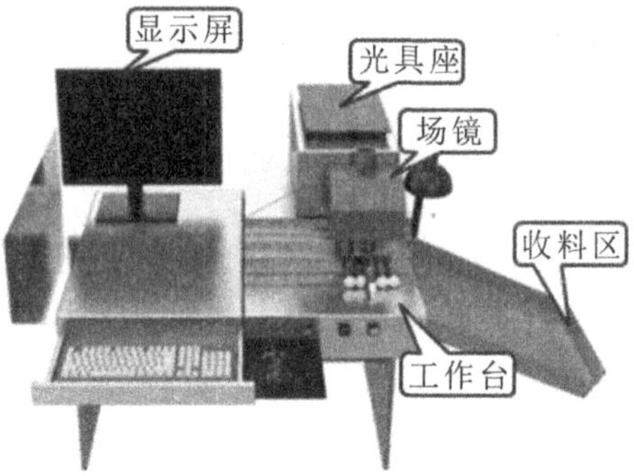

图 2-76　激光打标机外观

激光打标机最关键的部分是工作台，即打标区，将已完成塑封待打标的引线框架放入轨道中，通过滚轮转动移动引线框架，当塑封体经过激光束的位置时便已刻印上设置好的内容。如图 2-77 所示为激光打标的工作区。

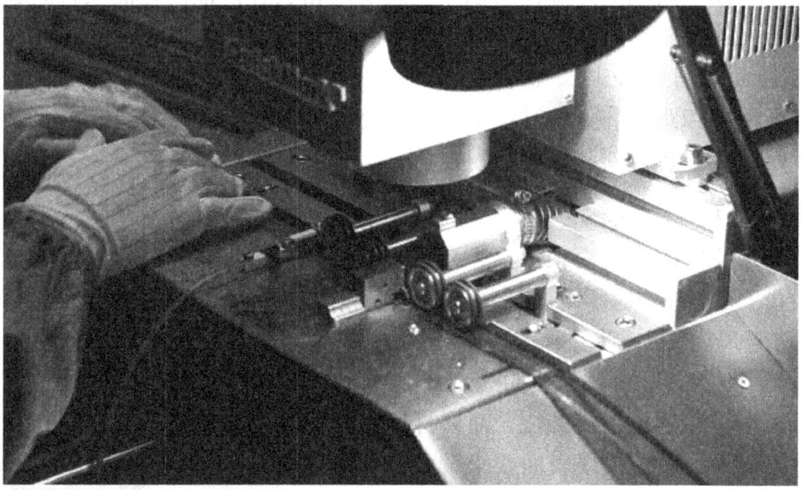

图 2-77　打标工作区

3. 激光打标的工艺操作

1) 打标文件的调用与编辑

打标的文件通过系统软件进行调取，激光打标软件可以自由设计所要加工的图形内容，如图 2-78 所示为某激光打标软件的界面图，不同的打标软件界面会有所不同，但功能都大同小异。打标文件的调用，即打开已经编辑好内容的打标文件，打开后即可进行该内容的打标，当然也可以对打开的文件进行编辑。若无对应的打标文件，则需要重新创建一个新的文件来绘制需要打标的内容。

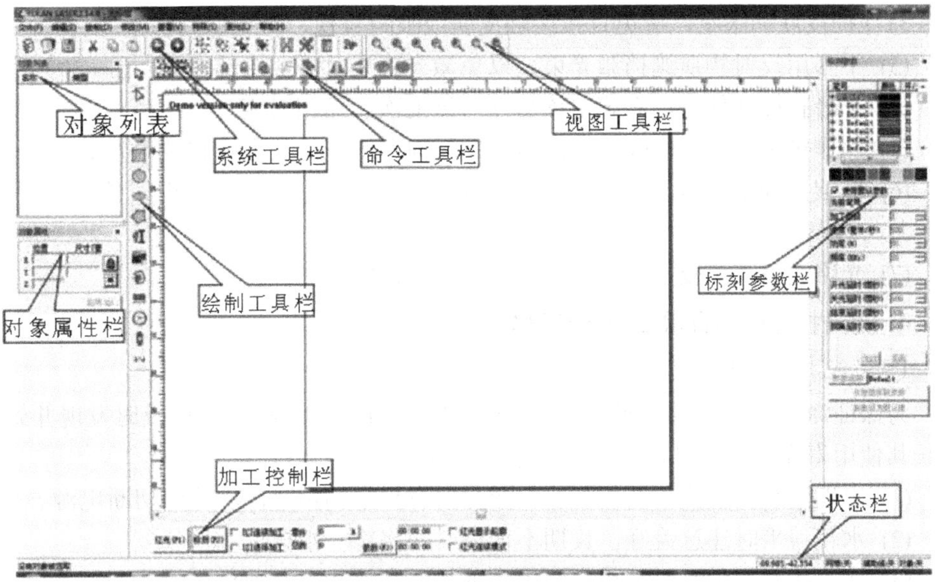

图 2-78　激光打标软件界面示例

2) 激光打标的操作流程

激光打标工艺的操作相对简单，其操作流程主要为领料确认、打标文件确认、打标、收料，具体操作如下：

(1) 领料确认。领料前，整理工位，需保证本工位整洁且无其他批次产品，避免混料。塑封工艺操作员接收到塑封后的产品时，需要核对产品物料信息与随件单上信息是否一致，核对内容包括产品名称、批次编号、来料数等，信息核对正确后需要在随件单上签字确认，准备进行打标作业。

(2) 打标文件确认。启动设备后调整光路，并打开激光打标的软件系统，根据随件单信息调取对应的打标文件，打开打标内容对其进行确认，若有问题需要呼叫工程师进行文件确认或修改编辑，在确认无误后方可进行打标操作。

(3) 打标。调整完毕，开始打标。批量打标前，需进行预打标，防止批量出错影响生产效率，以保证打标质量。首条引线框架作为试片进行打标确认，观察检测试片，若刻写位置正确、刻写线条均匀、文字图案都清晰无误，才可开始批量生产；若有问题则需重新调整，调整合格后再开始批量生产。

(4) 收料。打印完成的物料会落入激光打字机的收料区内(如图 2-79 所示)，收料区内框架条应统一收取。所有工作完成后应及时打扫卫生，收拾物料，保持设备清洁，而引线框架则被送至电镀工序中进行镀锡操作。

图 2-79　收料区

3) 激光打标的操作注意事项

在激光打标工艺操作过程中，需要注意以下内容：

(1) 各光学零件表面严禁用手、棉纱、硬物接触或擦拭，也严禁用嘴对着光元件吹气。

(2) 激光束能量较大，可能会烧伤皮肤或损坏眼睛，存在一定的危险性，故在操作时需注意保护皮肤和眼睛，避免直接接触皮肤或眼睛直视，防止受到伤害。

(3) 不要用反射物质遮挡激光束，以免激光束反射后对人体造成伤害。

(4) 选择打标文件时，需确定该文件与该批次产品相对应。

(5) 操作员不可擅自修改打标内容，发现问题时应向工程师和技术人员上报。

(6) 框架条轻推入轨道后自动进入打标区，此时禁止人为拉扯框架条，否则可能会导致芯片与设备的损坏。

(7) 光路调整需要技术人员操作，严禁私自调整。

4. 激光打标机的日常维护与常见故障

1) 激光打标机日常维护

为保证激光打标机能长期有效的运行，需要定期对其进行维护，及时发现并处理问题，延长其使用寿命。激光打标机常见的维护内容如下：

(1) 出现漏水、拉弧、烧保险丝、激光器有异常响声时，应立即切断电源。

(2) 水箱盖平时注意盖好，长期不使用时应将冷却水排尽。

(3) 注意冷水机的水温是否在所设定的控制范围内，如水温一路上升，无法冷却，说明制冷机不制冷，应立即关机检修。

(4) 定期检查激光打标质量是否存在异常，及时排查处理。

(5) 定期检查工作中的滚轮是否松动、卡住或磨损，及时加固、润滑，若有磨损则需要更换。

(6) 定期检查各水管接口处是否漏水，若有则应及时加固或更换。

2) 激光打标机常见故障

激光打标机常见的设备故障主要包括电路故障和光路故障，常见故障如下：

(1) 控制盒电源绿色指示灯不亮，或者报警红色指示灯亮。

(2) 二极管激光电源不通电。

(3) 激光不稳或能量弱。

(4) 激光打标机打标时，出现微小波浪线或刻写线不均匀。

(5) 首次撞击或换水时制冷机报警。

(6) 冷却系统故障，如冷却无效果、漏水等。

(7) 标记过程中出现漏光现象。

(8) 标记时激光点只沿一个方向(水平或竖直)移动。

(9) 扫描不工作。

(10) 传感器故障。

2.4.3 飞边毛刺处理

封胶完成后需先将引线架上多余的残胶去除，并且经过电镀以增加外引脚的导电性及抗氧化性，而后再剪切成型。若是塑封料只在模块外的引线架上形成薄薄的一层，面积也很小，通常称为树脂溢出。若渗出部分较多、较厚，则称为毛刺(flash)或是飞边毛刺(flash and strain)。造成溢料或毛刺的原因很复杂，一般认为是与模具设计、注模条件及塑封料本身有关。毛刺的厚度一般小于 10 μm，会给后续工序如切筋打弯等带来麻烦，甚至会损坏机器。因此，在切筋打弯工序之前，要进行去飞边毛刺(deflash)工序。

随着模具设计的改进以及注模条件的严格控制，毛刺问题越来越少。在一些比较先进的封装工艺中，已不需要再进行去飞边毛刺的工序了。

去飞边毛刺工序工艺主要有：介质去飞边毛刺(media deflash)、溶剂去飞边毛刺(solvent deflash)、水去飞边毛刺(water deflash)。另外，当溢出塑封料发生在引线架堤坝(dam bar)背后，可用切除(dejunk)工艺。其中，介质和水去飞边毛刺的方法用得最多。用介质去飞边毛刺，是将研磨料(如粒状塑料球)和高压空气一起冲洗模块。在去飞边毛刺过程中，介质会将引线架引脚的表面轻微擦毛，这将有助于焊料和金属引线架的粘连。天然的介质如粉碎的胡桃壳和杏仁核曾被使用，但由于它们会在引线架表面残留油性物质而被放弃。

用水去飞边毛刺工艺是利用高压水流来冲击模块，有时也会将研磨料和高压水流一起使用。用溶剂去飞边毛刺通常只适用于很薄的毛刺。溶剂包括 N-甲基吡咯烷酮(NMP)或双甲基呋喃(DMF)。

扩展阅读：微处理器发展

自从 Intel 公司 1971 年设计制造出 4 位微处理器芯片以来，50 多年里，CPU 从 Intel 4004、80286、80386、80486 发展到 Pentium、PⅠ、PⅡ、P4，从 4 位、8 位、16 位、32 位发展到 64 位；主频从 MHz 发展到今天的 GHz；CPU 芯片里集成的晶体管数由 2000 多个跃升到千万以上；半导体制造技术的规模由 SSI、MSI、LSI、VLSI 达到 ULSI。封装的输入/输出(I/O)引脚从几十根逐渐增加到几百根，甚至可能达到 2000 根。

任务计划

根据任务单要求、任务资讯内容以及收集整理的资料，填写表 2-32 所示的任务计划单。

表 2-32 任务计划单

项目名称	AT89S51 芯片封装		
任务名称	AT89S51 芯片塑封成型	建议学时	2
计划方式	分组讨论		
序号	任 务	时 间	负责人
1			
2			
3			
4			
5			
小组分工	讨论工艺流程所涉及的环节及其主要任务，充分细化，并落实到具体的成员，在规定的时间节点进行检查		
计划评价			

任务决策

根据对芯片塑封成型的基础知识的学习和理解，通过对相关工艺、对应设备的了解，总结出 AT89S51 塑封成型工艺操作流程，结合 AT89S51 功能要求，提出完成两种不同封装类型的 AT89S51 工艺操作方案，并对其进行分析与对比。最终选择一种类型的封装，并填写表 2-33 所示的任务决策单。

表 2-33　任务决策单

项目名称	AT89S51 芯片封装				
任务名称	AT89S51 芯片塑封成型			建议学时	2
方案计划					
方案对比	序号	封装类型	塑封	打码	去飞边毛刺
评语					

任务实施

首先需要完成与芯片塑封成型相关的资料收集任务，并将收集的资料作为编写方案的编制依据；再结合 AT89S51 的功能需求，编制完成“AT89S51 芯片塑封成型工艺操作方案”。实施具体任务时，可以参照表 2-34 所示的步骤进行。

表 2-34　任务实施单

项目名称	AT89S51 芯片封装		
任务名称	AT89S51 芯片塑封成型	建议学时	4
计划方式	分组讨论		
序号	实施步骤		
1	小组破冰讨论项目任务		
2	小组成员根据自身特点及项目需求分配任务		
3	查询并收集整理资料		
4	小组成员分析项目，选择合理的论证资料		

续表

序号	实施步骤
5	组间成员交流学习
6	小组成员完成项目任务方案
7	项目展示，交流学习，对比选择最优方案
8	完成项目方案编写
9	制作汇报 PPT，归档
10	总结

在任务实施过程中，重要的工作内容可以参照表 2-35 所示的内容完成。

表 2-35 “AT89S51 芯片塑封成型工艺操作方案”示例

<table>
<tr><td colspan="2">项目名称</td><td colspan="4">AT89S51 芯片封装</td></tr>
<tr><td colspan="2">任务名称</td><td colspan="4">AT89S51 芯片塑封成型</td></tr>
<tr><td colspan="6">塑料封装</td></tr>
<tr><td>工艺流程</td><td colspan="5"></td></tr>
<tr><td>材料选择</td><td colspan="5"></td></tr>
<tr><td>生产过程</td><td>设备</td><td colspan="3">步骤</td><td>参数要求</td></tr>
<tr><td></td><td></td><td></td><td></td><td></td><td></td></tr>
<tr><td></td><td></td><td></td><td></td><td></td><td></td></tr>
<tr><td></td><td></td><td></td><td></td><td></td><td></td></tr>
<tr><td colspan="6">激光打标</td></tr>
<tr><td>工艺流程</td><td colspan="5"></td></tr>
<tr><td>材料选择</td><td colspan="5"></td></tr>
<tr><td>生产过程</td><td>设备</td><td colspan="3">步骤</td><td>参数要求</td></tr>
<tr><td></td><td></td><td></td><td></td><td></td><td></td></tr>
<tr><td></td><td></td><td></td><td></td><td></td><td></td></tr>
<tr><td colspan="6">去飞边毛刺</td></tr>
<tr><td>工艺流程</td><td colspan="5"></td></tr>
<tr><td>工艺目的</td><td colspan="5"></td></tr>
<tr><td></td><td></td><td></td><td></td><td></td><td></td></tr>
<tr><td></td><td></td><td></td><td></td><td></td><td></td></tr>
<tr><td></td><td></td><td></td><td></td><td></td><td></td></tr>
<tr><td colspan="6">(表格可添加)</td></tr>
</table>

任务检查与评价

完成任务实施后，可采用小组互评等方式进行任务检查，具体检查内容如表 2-36 所示。

表 2-36　任务评价单

项目名称	AT89S51 芯片封装					
任务名称	AT89S51 芯片塑封成型					
考核方式	过程考核					
说明	主要评价成员在项目实施过程中的操作方式、理论知识、学习态度、课堂表现、学习能力等其他能力					
考核内容与评价标准						
序号	内容	评价标准			成绩比例/(%)	自评分
		优	良	合格		
1	基本理论掌握	掌握塑料封装、激光打码和去飞边毛刺的工艺目的，掌握塑料封装、激光打码和去飞边毛刺的工艺操作过程，掌握解决塑料封装和激光打码的工艺过程中常见问题的方法	掌握塑料封装、激光打码和去飞边毛刺的工艺目的，了解塑料封装、激光打码和去飞边毛刺的工艺操作过程，掌握解决塑料封装和激光打码的工艺过程中常见问题的方法	掌握塑料封装、激光打码和去飞边毛刺的工艺目的，了解塑料封装、激光打码和去飞边毛刺的工艺操作过程，了解解决塑料封装和激光打码的工艺过程中常见问题的方法	30	
2	实践操作技能	能够准确阐述塑料封装、激光打码和去飞边毛刺的工艺目的，能够熟练使用塑封机与激光打码机，能够快速解决塑料封装与激光打码工艺过程中常见的问题	能够准确阐述塑料封装、激光打码和去飞边毛刺的工艺目的，能够熟练使用塑封机与激光打码机，基本能够解决塑料封装与激光打码工艺过程中常见的问题	能够准确阐述塑料封装、激光打码和去飞边毛刺的工艺目的，基本能够使用塑封机与激光打码机，基本能够解决塑料封装与激光打码工艺过程中常见的问题	30	
3	职业核心能力	具有良好的自主学习能力和分析解决问题的能力	具有较好的学习能力和分析解决问题的能力	能够主动学习并收集信息，具备一定的分析解决问题的能力	10	
4	工作作风与职业道德	具有严谨的科学态度和工匠精神，能够严格遵守“6S”管理制度	具有良好的科学态度和工匠精神，能够自觉遵守“6S”管理制度	具有较好的科学态度和工匠精神，能够遵守“6S”管理制度	10	
5	小组评价	具有良好的团队合作精神及沟通交流能力，热心帮助小组其他成员	具有较好的团队合作精神和与人交流的能力，能帮助小组其他成员	具有一定的团队合作能力，能配合小组完成项目任务	10	
6	教师评价	包括以上所有内容	包括以上所有内容	包括以上所有内容	10	
合　计					100	

教学反馈

任务结束后，可采用分组方式进行教学评价，具体内容如表 2-37 所示。

表 2-37 教学反馈单

项目名称	AT89S51 芯片封装		
任务名称	AT89S51 芯片塑封成型	建议学时	4
序 号	调 查 内 容	是/否	反馈意见
1	知识点是否讲解清楚		
2	解答是否及时		
3	重难点是否突出		
4	课堂组织是否合理		
5	逻辑是否清晰		
本次任务的兴趣点			
本次任务的成就点			
本次任务的疑虑点			

2.5 任务五 AT89S51 芯片引脚成型

任务要求：

(1) 掌握管脚电镀和切筋成型的工艺目的。

(2) 掌握管脚电镀和切筋成型的操作过程。

(3) 掌握解决管脚电镀和切筋成型工艺过程中常见问题的方法。

(4) 根据任务单要求进行任务计划及实施。

任务单

本任务需要完成双列直插式封装和四边扁平引脚封装的引脚成型工艺操作，设计 AT89S51 生产工艺流程，并解决工艺过程中常见的产品问题，具体内容单任务如表 2-38 所示。

表 2-38 任 务 单

项目名称	AT89S51 芯片封装
任务名称	AT89S51 芯片引脚成型
任 务 要 求	
1. 任务开展要求。 (1) 任务开展方式为分组讨论，每组 3～5 人。 (2) 所需资料自行收集。 2. 完成芯片引脚成型工艺的资料收集与整理。 3. 提交 AT89S51 芯片引脚成型的工艺操作方案。	
任 务 准 备	
1. 知识准备。 (1) 芯片电镀的工艺目的。 (2) 芯片电镀常用的工艺及工艺过程。 (3) 芯片切筋成型的工艺目的。 (4) 切筋成型的常用工艺及工艺过程。 2. 设备支持。 在该任务实施过程中需要准备的工具包括： (1) 仪器：电镀机、切筋机或者虚拟工作平台。 (2) 工具：电脑、书籍资料、网络。	
工 作 步 骤	
(1) 小组成员破冰沟通，分析工作任务，根据成员特点完成任务分工。 (2) 小组成员根据分工各自完成相应任务。 (3) 小组成员再次合作制订操作方案。 (4) 与其他小组成员进行交流学习。 (5) 小组成员共同讨论并完成操作方案的编写。 (6) 小组成员展示操作方案。	
总 结 与 提 高	
1. 小组自评。 (1) 对组内的每个组员的工作作风进行相互评价。 (2) 分析组内分工的合理性。 2. 小组互评。 (1) 对其他小组项目内容进行评价及提问。 (2) 对其他小组成员的工作态度进行评价。 3. 拓展提高。 (1) 总结归纳评价意见，组内讨论完善操作方案。 (2) 提交操作方案，进一步规范操作方案的编写。	

本任务需要先熟悉芯片引脚成型的工艺流程，并通过查询资料，进一步完善实际工艺中芯片引脚成型工艺的知识储备。自主学习资讯单如表 2-39 所示。

表 2-39　自主学习资讯单

项目名称	AT89S51 芯片封装
任务名称	AT89S51 芯片引脚成型
实施方式	资料查询、小组分工、小组讨论、组间交流、成果展示、项目评价、总结提高
任务资讯	(1) 电镀的作用是什么？ (2) 电镀的方法及材料有哪些？ (3) 切筋成型的工艺目的是什么？ (4) 切筋成型工艺过程中出现的缺陷有哪些？ (5) 切筋成型工艺过程中缺陷出现的原因分别是什么？

任务资讯

2.5.1　电镀

2.5.1　电镀

1. 简介

封装后框架外引脚的后处理包括电镀(solder plating)和浸锡(solder dipping)工艺，该工序是在框架引脚上做保护性镀层，以增加其可焊性。电镀目前都是在流水线式的电镀槽中进行的，工艺步骤包括：首先进行清洗，然后在不同浓度的电镀槽中进行电镀，最后冲洗、吹干，放入烘箱中烘干。浸锡的工艺步骤首先也是清洗，将预处理后的元器件在助焊剂中浸泡，再浸入熔融的铅锡合金镀层，工艺流程为去飞边→去油→去氧化物→浸助焊剂→热浸锡→清洗→烘干。

比较以上两种方法，浸锡容易引起镀层不均匀，一般是由于熔融焊料表面张力的作用使得浸锡部分中间厚、两边薄；而电镀的方法会造成所谓的“狗骨头”(dog-bone)问题，即四周厚、中间薄，这是因为在电镀时容易造成电荷聚集效应，更大的问题是电镀液容易造成离子污染。

焊锡的成分一般是 63%Sn/37%Pb，它是一种低共熔合金，其熔点在 183～184℃之间，也有使用成分为 85%Sn/15%Pb、90%Sn/10%Pb、95%Sn/5%Pb 的焊锡，有的日本公司甚至使用 98%Sn/2%Pb 的焊料。减少焊料中铅的用量，主要是出于环境的考虑，因为铅对环境的影响正日益引起人们的高度重视。而镀钯工艺则可以避免铅的环境污染问题。但是，由于通常钯的黏性并不好，需要先镀一层较厚的、较密的富镍阻挡层，钯层的厚度仅为 76 μm。由于钯层可以承受成型温度，所以可以在成型之前完成框架的上焊锡工艺。并且钯层对于芯片粘接和引线键合都适用，可以避免在芯片粘接和引线键合之前必须对芯片焊盘和框架内引脚进行选择性镀银(以增加其黏结性)，因为镀银时所用的电镀液中含有氰化物，会给安全生产和废物处理带来麻烦。

2. 电镀工艺与操作流程

封装完成后，在元器件表面镀上一层金属，可提高元器件的防锈蚀能力，延迟元器件的使用寿命，也可以保护外露的芯片引脚，增加其可焊性。塑料封装一般采用镀锡的方法，金属封装大多采用镀镍的方法。

1) 镀锡

广义地讲，管壳和外引脚增加金属保护层可以采用电镀锡或者浸锡。电镀一般在流水线式电镀槽中进行，首先清洗元器件，然后在不同浓度的电镀槽中电镀，最后冲洗、吹干，放入烘箱烘干。浸锡第一道工序也是清洗，然后将预处理后的封装在助焊剂中浸泡，再浸入铅锡合金镀层。

比较这两种方法，浸锡容易引起镀层不均匀，因此电镀锡工艺常被使用。电镀锡工艺需要由镀锡成套设备完成，一套设备集镀锡、清洗、烘干为一体。镀锡工艺流程如下：

(1) 毛刺处理。对于有毛刺的元器件，需要使用高压喷砂机进行去毛刺处理，再将塑封后的框架送入设备进料口。

(2) 镀锡。生产线首先对元器件进行清洗，然后在不同浓度的电镀槽中进行电镀，最后冲洗、吹干，放入烘箱烘干。

(3) 成品。镀锡烘干后的元器件自动从出口掉进成品箱。对完成镀锡工艺的框架条进行目检，选出引脚、注塑有质量问题的元器件。

2) 镀镍

金属封装采用的镀镍方法一般为化学镀镍工艺。次亚磷酸盐作为还原剂，将镍盐还原为镍，同时使金属层表面含有一定的磷。沉淀的镍膜具有催化性，可使反应继续，镍与磷共同沉积形成 Ni-P 合金。金属封装镀镍基本流程如下：

(1) 镀镍准备。使用清水和去离子水清洗镀槽系统，检查镀槽是否满足导电率、清洁度等要求，再按规范配制化学镀镍溶液。

(2) 去油污。金属封装元器件的去油污处理，一般将其放入浓度小于 4%的碱溶液中加热煮沸 10 分钟，取出后冲洗干净、沥干，然后使用无水酒精脱水。

(3) 去锈。将元器件使用盐酸溶剂浸泡，再冲洗干净、沥干，然后使用无水酒精脱水，最后烘干。

(4) 镀镍处理。将烘干后的元器件放入镀镍盆中，倒入镀液，放置在电炉上加热。在 85℃下保持 1 小时，待镀液与元器件无反应后，停止镀镍。将元器件从镀液中捞出，再放入新的镀液再次电镀。

(5) 清洗烘干。将完成镀镍的元器件取出，用去离子水冲洗，然后使用无水酒精脱水，再放入干燥箱烘干。

(6) 检验装盒。目检产品表面清洁，光亮度均匀、一致的元器件可以放入样品盒送检。

(7) 收尾工作。关掉电炉电源等，清洗镀镍盆等工具设备，填写工艺记录。

2.5.2　切筋成型

1. 切筋成型的定义与目的

切筋成型实际上是两道工艺——切筋与成型，但通常是同时完成的。有时会在一台机器上完成，有时也会分开完成。所谓的切筋工艺，是指切除框外引脚之间的堤坝以及框架带上相连接处。所谓的成型工艺，则是将引脚弯成一定的形状，以满足装配的需要。

2.5.2　切筋成型

对于成型工艺，最主要的问题是引脚的变形，对于通孔插装装配要求而言，由于引脚数较少，引脚又比较粗，引脚变形的情况很少发生。而对表面贴装装配来讲，尤其是高引脚数目引线架和细微间距引线架器件，一个突出的问题是引脚的非共面性。造成非共面性的主要原因有两个：一是在工艺过程中不恰当处理，但随着生产自动化程度的提高，人为因素大大减少，使得这方面的问题几乎不存在；另一个原因是成型过程中产生的热收缩应力，在成型后的降温过程中，一方面由于塑封料再继续固化收缩，进而造成引线架带翘曲，引起非共面问题。所以，针对封装模块越来越薄、引线架引脚越来越细的趋势，需要对引线架带重新设计，包括材料的选择、引线架带长度及引线架形状等已克服这一困难。

现在，集成电路封装工业似乎正把注意力集中于无引脚封装的发展，但是引脚产品特别是翅型表面贴装封装，还在集成电路市场上扮演着重要的角色。引脚集成电路封装可以分成直线引脚、J 型引脚和翅型引脚三大类，如图 2-80 所示。

(a) 直线引脚　　(b) J 型引脚　　(c) 翅型引脚

图 2-80　引脚集成电路封装类型

2. 引脚形状的质量要求

虽然用户通常都有自己严格的尺寸与外观质量要求，但是封装外形一般都要符合 JEDEC 固态技术协会或 EIAJ(日本电子机械工业协会)的规格标准。重要的参数如下：

(1) 共面性。

(2) 引脚位置，可进一步分为引脚歪斜和引脚偏移。

(3) 引脚分散。

(4) 站立高度，对于引脚的外观质量，主要问题是引脚末端的毛刺、焊锡擦伤和焊锡破裂。

3. 共面性

共面性是最低落脚平面与最高引脚之间的垂直距离(如图 2-81 所示)，一般是通过轮廓投射仪或光学引脚扫描仪来测量的。通常，基于外加工要求的最大共面公差不超过 0.05 mm。

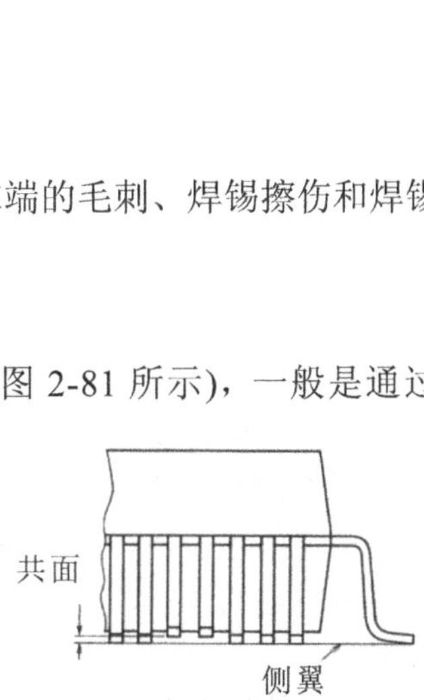

图 2-81　共面性的定义

造成最大共面性问题的因素是档条整形与封装翘曲。档条整形设计可以影响共面性，如果剪切的毛刺过多，或者档条交替剪切，那么在档条区域的引脚宽度可能不同。同时，产生的毛刺可能是交替的形式，这将造成截面上引脚的位置变化，因此在成型之后会产生不同角度的弹回。

对于四边扁平封装，在共面性与封装的翘曲之间有一个线性的关系。对于 TSOP 封装，翘曲对站立高度和总的封装高度的影响相对更大，这在使用 TSOP 封装的应用中一般都是很重要的。

4. 成型机制

各种成型方法无外乎基本的固体成型机制和复杂的滚轮成型系统两种。固体成型是指利用压力装置和模具使板材产生分离或塑性变形，从而获得成型件或制品的成型方法。滚轮成型是利用压力和模具的形状使板材变形，从而达到成型的目的。后者已经发展到可接纳不同封装类型的工艺要求。

无论哪一种成型方法都有优点和缺点。为某一产品类型选择一种特定的机制主要取决于封装和工艺要求。例如，对于 TSOP 成型，首选凸轮和摆动凸轮固体成型方法。虽然凸轮固体成型机制有不少缺点，如焊锡累积和擦伤，但它确实具有简单的工具设计、低成本应用的优点。摆动凸轮滚轮成型机制将在防止焊锡积累方面得到较好的表现，但是通常这个方法工具成本较高。

不同成型工具的详细评估结果显示，在成型期间，滚轮成型在引脚上会产生比固体成型工艺小得多的应力。由固体成型引起的较高应力可能是扩大造成引脚歪斜或移动的因素。

5. 切筋成型设备

切筋机的作用简单来讲就是将整条片状的框架条切割成独立的电路，并进行引脚成型后放进料管或者料盘中，切筋机外观如图 2-82 所示。

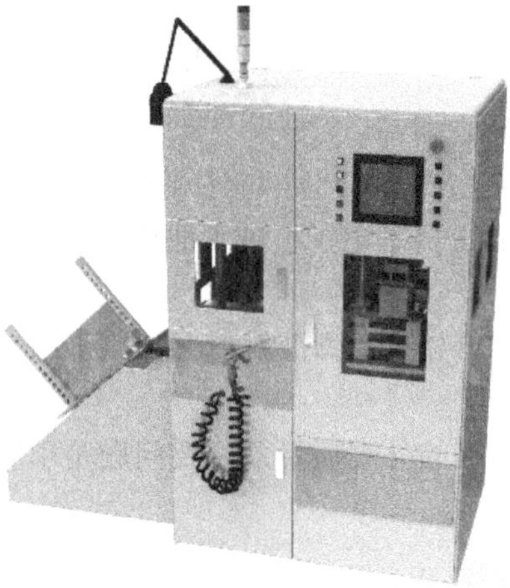

图 2-82　切筋机外观

切筋机主要由上料区、显示区、切筋成型区和下料区构成。合格的镀锡框架条装盒，放置于切筋机的上料区。设备启动后，框架条会被送到轨道上。机械滑块会将框架条送到指定位置，进行切筋与成型的操作，上下模闭合，切断连筋。成型冲头下压，将引脚弯成所需的形状，就完成了切筋与成型的操作。成型后的元器件通过下料轨道被收入收料管。

切筋机上有显示屏，主要用来设置该批芯片的参数，调用相关的程序，设有开关键、紧急键、警示灯等控件。在机械动作中若有紧急状况发生时，可以立刻采取相关措施。

6. 切筋成型模具

1) 切筋模具结构

切筋模具由上模和下模组成，每批产品型号不同，模具要进行一次性调整，直到产品更换再调整。切筋模具如图 2-83 所示。

(a) 切筋成型模具

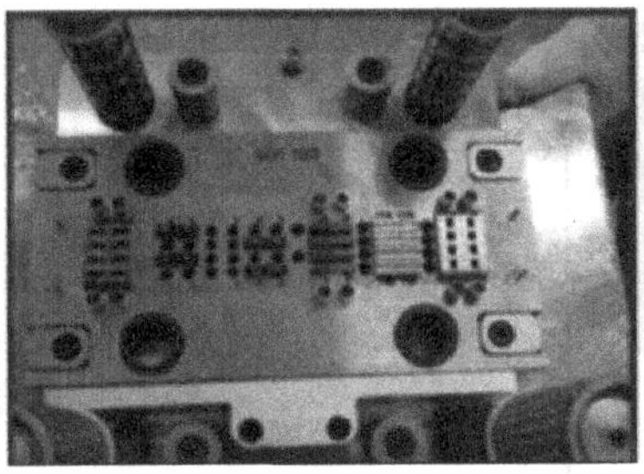

(b) 下模

(c) 上模

图 2-83　切筋成型模具

模具的总体结构是利用榫卯连接的方式，即通过板块之间的压力，使结构在承受水平外力时，能有一定的适应能力，该处是凸模，由凸模固定板固定。下模部分由凸模、凹模固定板、垫板和下模座组成。框架条通过沟槽固定在相应位置，利用凹槽进行定位。

凸模和凹模都采用镶嵌结构，这样便于采用线切割加工。凸模由凸模固定板和螺钉固定。凹、凸模示意图如图 2-84 所示。

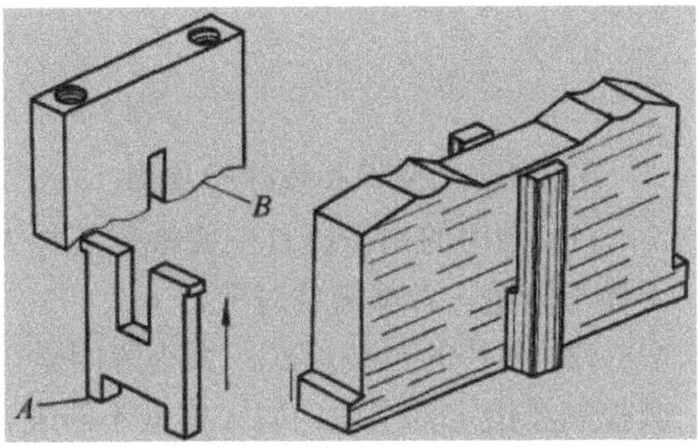

图 2-84　凹、凸模示意图

2) 不同封装形式的切筋方式

芯片的封装形式多样，不同的封装形式要选择不同的切筋方式，下面将介绍三种切筋方式，分别是 Punch(推压)移动产品单边固定，产品移动、刀口固定，产品两边固定推压移动。

方式一：推压移动产品单边固定，如图 2-85 所示。

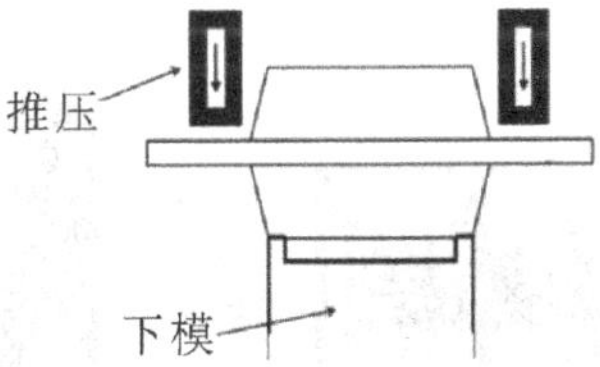

图 2-85　推压移动产品单边固定

方式二：产品移动、刀口固定，如图 2-86 所示。

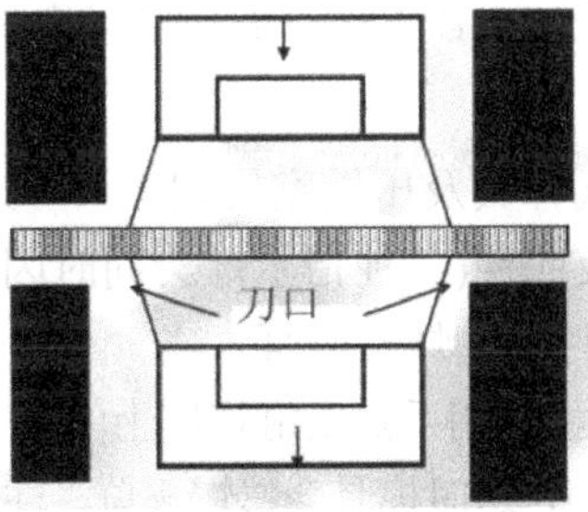

图 2-86　刀口固定

方式三：产品两边固定推压移动(BGA 系列使用)，如图 2-87 所示。

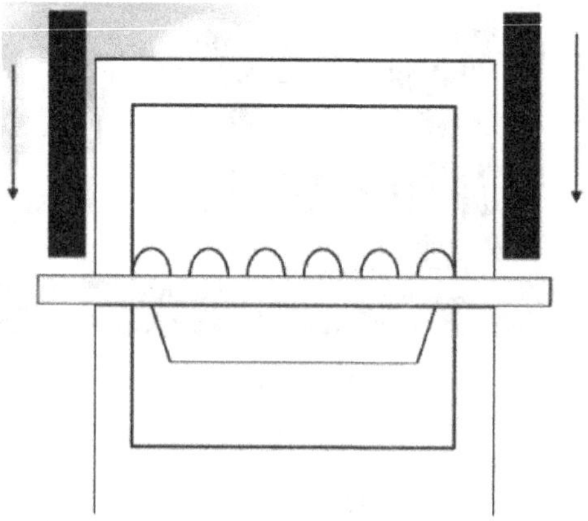

图 2-87　产品两边固定推压移动

3) 切筋成型模具选择的原则

(1) 常用的切筋模具主要根据芯片大小、封装形式、引脚等进行选择，设备的上模、下模与轨道三者都需要对应。

(2) 芯片的封装形式、大小等因素，影响了切筋模具的选择，模具要与芯片贴合，将其控制在指定范围内。如果模具不匹配，可能会导致在切筋成型过程中，挤压芯片，直接导致芯片损坏或引脚损坏。

(3) 轨道要与模具相匹配。框架条通过轨道，直接传送到模具的相应位置。如果轨道不匹配，很可能导致芯片滑出轨道，导致芯片损伤。

7. 切筋成型机的操作流程

切筋成型的操作流程为：开机→参数设置→装料→上料→切筋与成型→下料→关机，如图 2-88 所示。

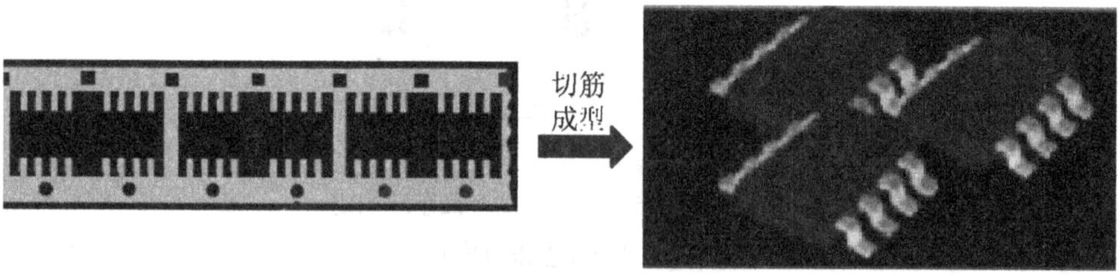

图 2-88　切筋成型示意图

1) 开机

(1) 打开机器后面的空气开关及压缩空气阀。

(2) 打开面板上的电源及照明(三种指示灯会同时闪烁)，过几秒后，按一下复位键，系统将自动完成复位操作，同时启动灯会闪烁。

(3) 用点动方式完成模具运行(用手点击触摸屏上的“手动”按钮，然后同时用手点动，同时按住“手动”和“停止”按钮，这时模具会慢慢下降，注意听一下模具里有没有异常的声音)，然后按一下“启动”按钮，空运转一分钟后点击屏上的“测试”按钮，系统将带料运行。

2) 参数设置

在切筋机的显示器上点击“数据设置”，选择相对应的模具型号来调用对应的切筋成型程序，并选择数据和参数。界面上不仅显示调用程序，还会显示根据随件单创建的批次等信息，如图 2-89 所示。

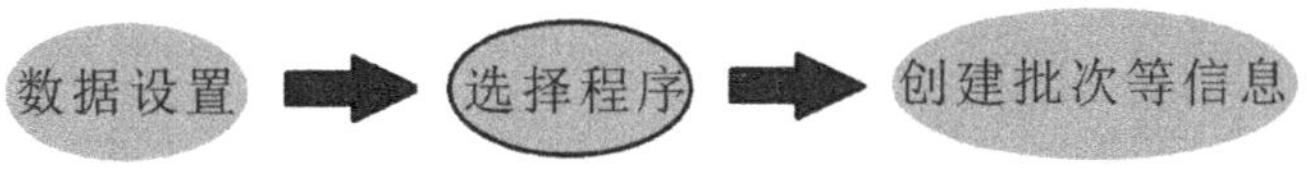

图 2-89　参数设置

切筋模具由上模和下模组成，每批产品型号不同，模具要进行一次性调整，直到产品更换再调整。

3) 装料

装料前先对框架条进行检验，一般检查是否存在注塑料缺损、引脚断裂、镀锡露铜等情况，对不合格的产品进行剔除；同时，还要对不平整的引线框架进行调整，防止切筋成型时卡料或者模具损坏，如图 2-90 和图 2-91 所示。

图 2-90　剔除不合格品

图 2-91　调整引线框架

4) 上料

设备开始运行，上料机械手自动夹取上料区的框架条，将其放在轨道上；然后机械滑块将轨道上的框架条向前推送至指定位置，如图 2-92 和图 2-93 所示。

图 2-92　框架条放置到轨道上

图 2-93　机械滑动推动框架条

5) 切筋与成型

设备自动将推送过来的框架条挪动至模具的相应位置，切筋机自动校对，切筋模具上模下压，使其与下模闭合，切断连筋(引线框架条上引脚相连的多余筋条)。

成型冲头继续下压，使引脚弯成所需形状，于是便形成了不同的封装形式，切筋成型图解如图 2-94 所示。

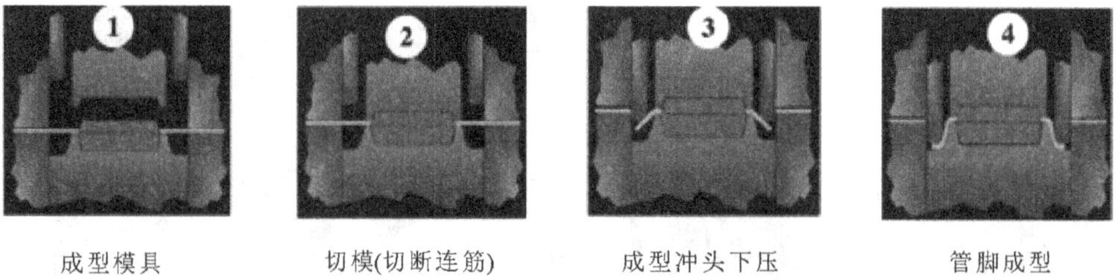

图 2-94　切筋成型图解

6) 下料

在模具作用下，经过切筋和成型后的元器件从下料口落入收料管内，装满的料管被放入成品箱，切断的多余筋条被回收到一起，如图 2-95 所示。

图 2-95　下料

7) 关机

关机时，首先关闭面板上的电源开关及照明，后关闭总电源及压缩空气阀。

8. 切筋机的常见故障

切筋机在运行时发生故障是不可避免的，如表 2-40 所示内容为切筋机的常见故障以及产生故障对应的原因。

表 2-40　切筋机故障及原因

序号	故障名称	故障原因
1	上料料盒供给	(1) 上料料盒没有上机； (2) 上料料盒没有夹持到位； (3) 上料料盒供给放置方向错误
2	上料抓取真空吸盘	(1) 框架条放置不当或没有吸上； (2) 框架条没有上升到位或传感器检测不良
3	上料框架条插入	(1) 框架条插入上料导轨卡住或掉落； (2) 传送过程不顺； (3) 料盒缺料或抓手未抓到框架条
4	模具料片插入	(1) 框架条传送到模具口的过程不顺畅； (2) 模具入口检测传感器没有检测到
5	探针(定位不良)	(1) 框架条放反； (2) 框架条变形； (3) 框架条背面有树脂残留
6	拨抓(设置)	(1) 框架条放反； (2) 框架条变形； (3) 框架条背面有树脂残留
7	上模针损坏	上模检测不良
8	制品下落	断筋的电路掉入模具内
9	产品切断排出前	切筋分离出来的电路在分离模口处，推出杆不能正常工作(堵料)
10	产品切断排出后	芯片在导轨中间或入管口，没有排入料管
11	模具位置	模具在合模时未到位或模具瞬间未工作
12	可动凹模	可动凹模卡住
13	料管供给	(1) 没有料管供给； (2) 料管没有放好
14	料管排列	(1) 料管左边或右边方向错误； (2) 料管传送不到位或拱起，没有检测到位

9. 切筋机与切筋模具的日常保养

1) 设备一级保养

周期：每天。

测试人员每天上班前负责切筋机及操作台表面的清洁，用气枪除去下料轨道、测试区等机构的灰尘。

2) 设备二级保养

(1) 周期：三个月。不论出厂时螺丝固定得再紧，在运转一段时间后都有可能松动。此时需要检查各部位螺丝是否松动，并加以固定。内六角螺丝用手柄短端无法拧松，非沉孔螺丝均用弹簧垫圈紧固。当搬运机器时，应进行检查以避免机器产生偏差而发生故障。

(2) 机台清洁。机台要保持清洁，特别是在芯片滑动的轨道中常会有微细的粉末，使用者应经常将这些灰尘清除，避免卡料或影响感测器的动作。

(3) 润滑。任何有相对运动的机构都会发生摩擦，所以都需要润滑，以延长机器的使用寿命，减少磨损的发生。润滑位置为皮带轮轮轴和直线滑轨。润滑周期约为 3 个月，应予以注油润滑。

(4) 定位销检查。机器下料轨道、测试区等重要部件均采用定位销安装，使用维修过程中不要轻易取消定位销装置，应定期检查定位销的安装是否正常。

扩展阅读：中芯国际

中芯国际自创建以来，已经成长为国内规模最大、技术水准最高、世界排名第四的晶片代工企业。截至 2009 年 5 月，中芯国际已在上海建有一座 300 mm 芯片厂和三座 200 mm 芯片厂，在北京建有两座 300 mm 芯片厂，在天津建有一座 200 mm 芯片厂，在深圳有一座 200 mm 芯片厂正在建设，在成都拥有一座封装测试厂。中芯国际还在美国、欧洲、日本为客户提供服务并设立营销办事处，同时在中国香港设立了代表处。此外中芯国际还代武汉新芯集成电路制造有限公司经营管理一座 300 mm 芯片厂。

任务计划

根据任务单要求、任务资讯内容以及收集整理的资料，填写表 2-41 所示的任务计划单。

表 2-41 任务计划单

项目名称	AT89S51 芯片封装		
任务名称	AT89S51 芯片引脚成型	建议学时	4
计划方式	分组讨论		
序号	任　务	时　间	负责人
1			
2			
3			
4			
5			
小组分工	讨论工艺流程所涉及的环节及其主要任务，充分细化，并落实到具体的成员，在规定的时间节点进行检查		
计划评价			

任务决策

根据对芯片引脚成型工艺的基础知识的学习和理解，通过对相关工艺、对应设备的了解，总结出 AT89S51 引脚成型工艺操作流程，结合 AT89S51 功能要求，提出完成两种不同封装类型的 AT89S51 工艺操作方案，并对其进行分析与对比，最终选择一种类型的封装，完成如表 2-42 所示的任务决策单。

表 2-42　任务决策单

项目名称	AT89S51 芯片封装				
任务名称	AT89S51 芯片引脚成型			建议学时	4
方案计划					
方案对比	序号	封装类型	电镀	切筋成型	
评语					

任务实施

首先需要完成与芯片引脚成型工艺相关的资料收集任务，并将收集的资料作为编写方案的编制依据；再结合 AT89S51 的功能需求，编制完成“AT89S51 芯片引脚成型工艺操作方案”。实施具体任务时，可以参照表 2-43 所示的步骤进行。

表 2-43　任务实施单

项目名称	AT89S51 芯片封装		
任务名称	AT89S51 芯片引脚成型	建议学时	4
计划方式	分组讨论		
序号	实施步骤		
1	小组破冰讨论项目任务		
2	小组成员根据自身特点及项目需求分配任务		
3	查询并收集整理资料		
4	小组成员分析项目，选择合理的论证资料		
5	组间成员交流学习		
6	小组成员完成项目任务方案		
7	项目展示，交流学习，对比选择最优方案		
8	完成项目方案编写		
9	制作汇报 PPT，归档		
10	总结		

在任务实施过程中，重要的工作内容可以参照表 2-44 所示的内容。

表 2-44　“AT89S51 芯片引脚成型工艺操作方案”示例

任务名称	AT89S51 芯片引脚成型				
电　镀					
工艺流程					
材料选择					
生产过程	设　备	步　骤			参数要求
切 筋 成 型					
工艺流程					
材料选择					
生产过程	设　备	步　骤			参数要求
(表格可添加)					

任务检查与评价

完成任务实施后，可采用小组互评等方式进行任务检查，具体检查内容如表 2-45 所示。

表 2-45　任务评价单

项目名称	AT89S51 芯片封装
任务名称	AT89S51 芯片引脚成型
考核方式	过程考核
说明	主要评价成员在项目实施过程中的操作方式、理论知识、学习态度、课堂表现、学习能力等其他能力

续表

考核内容与评价标准						
序号	内容	评价标准			成绩比例/(%)	自评分
		优	良	合格		
1	基本理论掌握	掌握引脚电镀和切筋成型的工艺目的，掌握引脚电镀和切筋成型的工艺操作过程，掌握解决引脚电镀和切筋成型的工艺过程中常见问题的方法	掌握引脚电镀和切筋成型的工艺目的，掌握引脚电镀和切筋成型的工艺操作过程，了解解决引脚电镀和切筋成型的工艺过程中常见问题的方法	掌握引脚电镀和切筋成型的工艺目的，了解引脚电镀和切筋成型的工艺操作过程，了解解决引脚电镀和切筋成型的工艺过程中常见问题的方法	30	
2	实践操作技能	能够准确阐述引脚电镀和切筋成型的工艺目的，能够熟练使用电镀机与切筋机，能够快速解决引脚电镀和切筋成型工艺过程中常见的问题	能够准确阐述引脚电镀和切筋成型的工艺目的，能够熟练使用电镀机与切筋机，基本能够解决引脚电镀和切筋成型工艺过程中常见的问题	能够准确阐述引脚电镀和切筋成型的工艺目的，基本能够使用电镀机与切筋机，基本能够解决引脚电镀和切筋成型工艺过程中常见的问题	30	
3	职业核心能力	具有良好的自主学习能力和分析解决问题的能力	具有较好的学习能力和分析解决问题的能力	能够主动学习并收集信息，具备一定的分析解决问题的能力	10	
4	工作作风与职业道德	具有严谨的科学态度和工匠精神，能够严格遵守“6S”管理制度	具有良好的科学态度和工匠精神，能够自觉遵守“6S”管理制度	具有较好的科学态度和工匠精神，能够遵守“6S”管理制度	10	
5	小组评价	具有良好的团队合作精神及沟通交流能力，热心帮助小组其他成员	具有较好的团队合作精神和与人交流的能力，能帮助小组其他成员	具有一定的团队合作能力，能配合小组完成项目任务	10	
6	教师评价	包括以上所有内容	包括以上所有内容	包括以上所有内容	10	
合计					100	

教学反馈

任务结束后，可采用分组方式进行教学评价，具体内容如表 2-46 所示。

表 2-46　教学反馈单

项目名称	AT89S51 芯片封装		
任务名称	AT89S51 芯片引脚成型	建议学时	4
序　号	调　查　内　容	是/否	反馈意见
1	知识点是否讲解清楚		
2	解答是否及时		
3	重难点是否突出		
4	课堂组织是否合理		
5	逻辑是否清晰		
本次任务的兴趣点			
本次任务的成就点			
本次任务的疑虑点			

项目三　功率三极管封装

职业能力目标

通过本项目的教学，应达成以下能力目标：

(1) 能够阐述气密性封装的特点。

(2) 能够识别常见的气密性封装与非气密性封装。

(3) 能够阐述陶瓷封装、金属封装的工艺流程。

(4) 能够操作常见的封帽工艺设备。

(5) 能够对封帽设备进行日常维护。

(6) 能够判别常见的不同工艺中产品缺陷并能够分析原因，并以创新的精神提出解决方案。

(7) 能够协同团队成员处理常见故障。

(8) 能够以严谨的科学态度和精益求精的工匠精神撰写相关报告。

(9) 能够使用精准的专业语言与专业人员进行交流。

项目引入

集成电路封装的主要目的之一是为芯片提供保护，避免不适当的电、热、化学及机械等因素的破坏。不同使用场景对集成电路封装可靠性有一定的要求。塑料封装因其工艺简单、成本低廉等特点被广泛应用，占据了整个封装市场的90%以上。

在航天、航空、军事、船舶等领域，对于集成电路封装可靠性有极高要求。气密性是集成电路可靠性的重要指标之一，特别是有源器件的可靠性。有源器件对很多潜在的失效机理都很敏感，如可能受到水汽的侵蚀，导致元器件从钝化的氧化物中浸出磷而形成磷酸，这样又会进一步侵蚀铝键合焊盘。

塑料封装材料通常为高分子树脂材料，水分子通常在数小时内就能侵入封装，塑料封装不能达到所谓的气密性要求。金属封装、陶瓷封装常被用于航天、航空、军事、船舶等领域，此类封装被称为气密性封装。

本项目将以最常见的功率三极管封装为例，探索气密性封装工艺流程以及各个工序的设备使用方法。

3.1 任务一　功率三极管封装比选

任务要求：

(1) 掌握气密性封装与非气密性封装的定义。
(2) 掌握气密性封装的类型。
(3) 掌握陶瓷封装工艺流程。
(4) 根据任务单要求进行任务计划及实施。

任务单

本任务需要完成气密性封装与非气密性封装知识的学习，并为功率三极管选择合理的封装方案，具体任务单内容如表3-1所示。

表3-1　任务单

项目名称	功率三极管封装
任务名称	功率三极管封装比选
任务要求	
1. 任务开展要求。 (1) 分组进行资料收集并讨论完成，每组3～5人。 (2) 所需资料自行收集。 2. 完成封装材料的资料收集与整理。 3. 提交功率三极管封装比选方案。	
任务准备	
1. 知识准备。 (1) 常见气密性封装与非气密性封装。 (2) 各类封装工艺流程。 2. 设备支持。 在该任务实施过程中需要准备的工具包括： (1) 仪表：无。 (2) 工具：电脑、书籍资料、网络。	
工作步骤	
(1) 小组成员破冰沟通，分析工作任务，根据成员特点完成任务分工。 (2) 小组成员根据分工各自完成相应任务。 (3) 小组成员再次合作制订比选方案。 (4) 与其他小组成员进行交流学习。 (5) 小组成员共同讨论并完成比选方案的编写。 (6) 小组成员展示比选方案。	

续表

总 结 与 提 高
1. 小组自评。 (1) 对组内的每个组员的工作作风进行相互评价。 (2) 分析组内分工的合理性。 2. 小组互评。 (1) 对其他小组项目内容进行评价及提问。 (2) 对其他小组成员的工作态度进行评价。 3. 拓展提高。 (1) 总结归纳评价意见，组内讨论完善比选方案。 (2) 提交比选方案，进一步规范比选方案的编写。

本任务需要先熟悉气密性封装与非气密性封装的特点，并通过查询资料进一步了解气密性封装的种类及典型气密性封装的工艺流程。自主学习资讯单如表 3-2 所示。

表 3-2　自主学习资讯单

项目名称	功率三极管封装
任务名称	功率三极管封装比选
实施方式	资料查询、小组分工、小组讨论、组间交流、成果展示、项目评价、总结提高
任务资讯	(1) 集成电路封装的分类有哪些？ (2) 什么是气密性封装？什么是非气密性封装？ (3) 典型的气密性封装有哪些？ (4) 金属封装的概念及特点是什么？ (5) 陶瓷封装的概念及特点是什么？ (6) 塑料封装的概念及特点是什么？ (7) 气密性封装的方法有哪几种？ (8) 陶瓷封装的工艺流程包括哪些步骤？

任务资讯

集成电路封装通常可分为气密性封装和非气密性封装两大类别，所谓气密性封装是指完全能够防止污染物(液体或固体)的侵入和腐蚀的封装。

气密封装元器件散热性好，环境适应性强，军品和宇航级元器件额定工作环境温度能达到−55～+125℃。塑封非气密性封装元器件散热性较差，根据应用领域不同一般分为商业级和工业级，商业级额定工作环境温度为 0～70℃，工业级额定工作环境温度为−40～85℃，也有一些工业级塑封元器件工作上限温度可达到+125℃，达到军品级温度水平。

3.1.1　气密性封装

集成电路封装的主要目的是提供 IC 芯片的保护，避免不适当的电、热、化学及机械等因素的破坏。在外来环境的侵害中，水汽是引起IC芯片损坏的最主要因素，由于IC芯片中导线的间距极小，如果有水汽侵入，在电场和电解反应等效应作用下，极易造成IC芯片的短路、断路与破坏。

气密性封装主要指使用具有空腔结构的金属、陶瓷、玻璃外壳的封装。由于金属、陶瓷、玻璃外壳具有较高的抵抗外部环境气氛的渗透能力和热学性能，可以实现对空腔中的芯片、组件更好的保护。这类气密性封装多用在对可靠性要求苛刻的航天、航空、军事、船舶等领域。

1. 金属封装

金属封装是采用金属壳体或底座，IC芯片直接或通过基板安装在外壳或底座上，引线穿过金属壳体或底座，大多采用金属封装技术的一种封装形式，如图3-1所示。

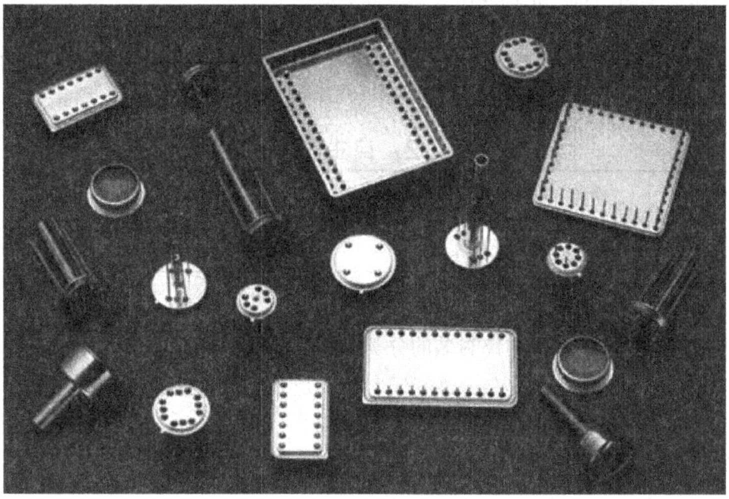

图3-1　金属封装管壳

金属材料具有最优良的水分子渗透阻绝能力，并且具有良好的散热能力和电磁屏蔽，故金属封装具有良好的可靠性，常被作为高可靠性要求和定制的专用气密封装，在分立式芯片元器件封装、专用集成电路封装、光电器件封装等领域，金属封装仍然占有相当大的市场，在高可靠度需求的军用电子封装方面应用尤其广泛。

金属封装精度高，适合批量生产、价格较低，性能优良、应用面广，可靠性高，可以得到大体积的空腔。金属封装形式多样，加工灵活，可以和某些部件融合为一体，适合于低I/O数的单芯片和多芯片的封装，也适合于微机电(MEMS)、射频、微波、光电、声表面波和大功率器件，可以满足小批量、高可靠性的要求。此外，金属封装材料可作为热沉或散热片以提供封装的散热。

1) 传统金属封装材料

金属封装材料要实现对芯片支撑、电连接、热耗散、机械和环境的保护，应具备以下要求：

(1) 具有与芯片或基板匹配的低热膨胀系数，减少或避免热应力的产生。

(2) 具有良好的导热性、导电性，提供热耗散，减少传输延迟。

(3) 具有良好的电磁和射频屏蔽能力。

(4) 具有较低的密度、足够的强度和硬度，具有良好的加工或成形性能。

(5) 具有可镀覆性、可焊性和耐蚀性，易实现与芯片、盖板、PCB 板的可靠结合，实现密封和环境的保护。

金属材料的选择与金属封装的质量和可靠性有着直接的关系，常用的材料包括铝、铜、钼、钨、可伐合金等。为降低铜的热膨胀系数，可以将铜与热膨胀系数较小的物质，如钼、钨复合，得到诸如铜/钨、铜/钼金属复合材料。这些材料具有高的导电、导热性能，同时融合了钨、钼的低热膨胀系数、高硬度的特性。

2) 新型金属封装材料

除了铜/钨和铜/钼以外，传统金属材料都是单一金属或合金，目前新开发了很多种金属基复合材料(MMC)。这种新型材料是以镁、铝、铜、钛等金属或金属间化合物为基体，以颗粒、晶须、短纤维或连续纤维为增强体的一种复合材料。相比传统的金属封装材料，其主要有以下优点：

(1) 可以通过改变增强体种类、体积分数、排列方式或改变基体合金，来改变材料的热物理性能。

(2) 材料制造灵活，成本不断降低。

(3) 特别研制的低密度、高性能金属基复合材料非常适用于航空航天领域。

金属基复合材料的基体材料很多，但作为热匹配复合材料用于封装的主要是铜基和铝基复合材料。

金属封装是一种具有空腔结构的封装，通常用镀镍或金的金属基座(如图 3-2 所示)以固定 IC 芯片。为减低硅与金属热膨胀系数的差异，金属封装基座表面通常又焊有一层金属片缓冲层以缓和热应力并增加散热能力。针状引脚是以玻璃绝缘材料固定在基座的钻孔上，并将其与芯片的连线再以金线或铝线的打线接合完成。IC 芯片黏结方式通常以硬焊或焊锡接合完成。基座周围再以熔接、硬焊或焊锡等方法与另一金属封盖接合。密封方法的选择除了考虑成本与设备的因素之外，产品密封速度、合格率与可靠度等均为考虑的因素。熔接的方法所获得的产品密封速度、合格率与可靠度最佳，是最为普遍使用的方法，但利用熔接方法所得的产品不能移去封盖进行再修护，此为该方法的不足之处。硬焊或焊锡的方法则能移去封盖进行再修复。

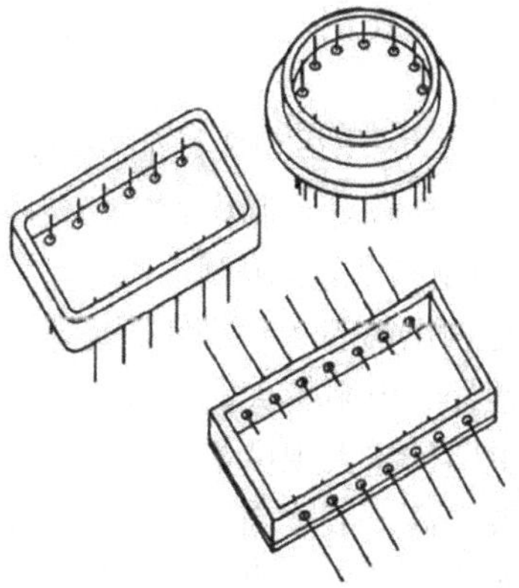

图 3-2　常见金属封装基座

图 3-3 是一个金属封装结构示意图，图中金属封装管壳包括了用金属材料加工而成的管帽和管座，在管座上用玻璃管和可伐合金丝烧结出电极引线。IC 芯片被固定在基板上，通过键合丝与外引线连接。管座与管帽间通过一个槽口内置(如低温焊料)熔封而成。

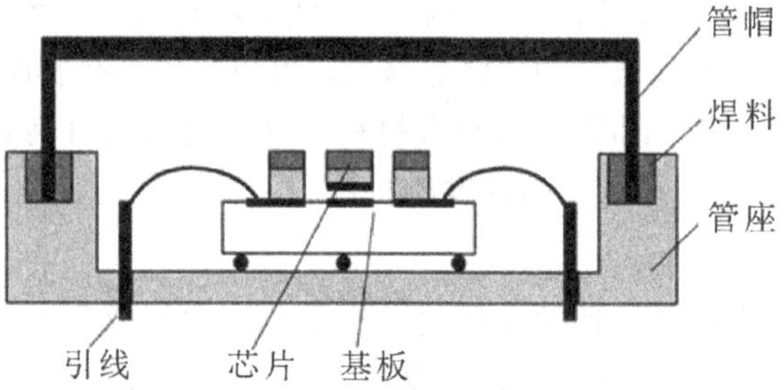

图 3-3　金属封装结构示意图

2. 陶瓷封装

陶瓷封装也是一种气密性封装，与金属封装相比，其价格较低。陶瓷被用作集成电路封装材料主要是因其在热、电、机械特性等方面极为稳定，并且陶瓷材料的特性可以通过改变其化学成分和工艺的控制调整实现。陶瓷不仅可以作为封盖材料，还可以作为各种微电子产品重要的基板，如图 3-4 所示。

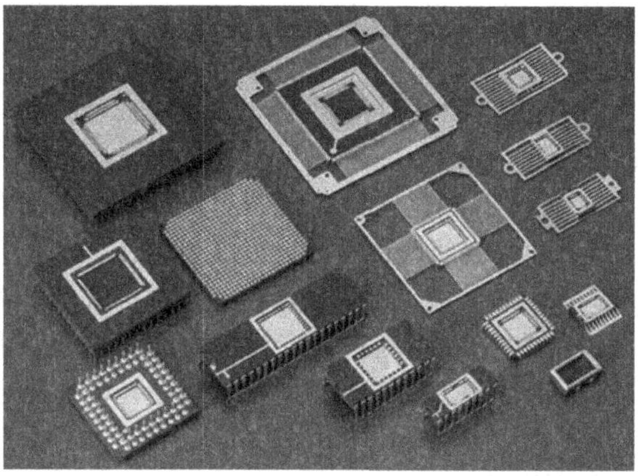

图 3-4　陶瓷封装

陶瓷封装中最常见的材料是氧化铝，其他比较重要的陶瓷封装材料有氮化铝、碳化铝、玻璃与玻璃陶瓷以及蓝宝石等。

氧化铝是陶瓷封装中最常见、应用最为成熟的陶瓷封装材料，其热膨胀系数接近于硅，价格低廉，耐热冲击性、电绝缘性较好，制作和加工技术成熟。但是，氧化铝热导率相对较低，其在大功率集成电路中的应用受到限制。

氮化铝的导热性能好，是氧化铝的 5～7 倍；其热膨胀系数与硅热膨胀系数相近，比氧化铝低一半。氮化铝绝缘性好、电阻率大、无毒，且有良好的温度稳定性，其综合性能优于氧化铝，是大规模集成电路、超大规模集成电路基板和封装的理想材料。然而，氮化铝陶瓷对制备工艺和原材料要求高，成本高，商品化程度较低。

陶瓷封装性能卓越，在航空航天、军事等方面被广泛应用，其优点主要有：

(1) 气密性好，封装体的可靠性高。

(2) 具有优良的电性能，可实现多信号、地和电源层结构，并具有对复杂的器件进行一体化封装的能力。

(3) 导热性能好，可降低封装体热管理体积限制和成本。

陶瓷封装并非完美无缺，其主要缺点包括如下几点：

(1) 与塑料封装相比，陶瓷封装的工艺温度较高，成本更高。

(2) 工艺自动化与薄型化封装的能力弱。

(3) 陶瓷封装具有较高的脆性，容易引发应力破坏。

(4) 烧结装配时尺寸精度差、介电系数高，价格昂贵。

陶瓷封装能提供高可靠度与密封性的原因是利用玻璃与陶瓷、可伐合金、Alloy42 合金引脚架材料间能形成紧密接合的特性。

以陶瓷双列式封装(CDIP)为例，将 IC 芯片粘接在陶瓷基座上，芯片通过引线键合的方式与引线框架连接。引线框架被夹持在陶瓷基座和陶瓷盖之间，最后用低温玻璃材料将陶瓷盖和基座密封，如图 3-5(a)所示。

陶瓷针格式封装(CPGA)与晶粒承载器(CLCC)封装的密封则是在基板及封盖的周围以厚膜技术镀上镍或金的密封环，再以焊锡或硬焊的方法将金属或陶瓷的封盖与基板接合，如图 3-5(b)所示。此外，熔接、玻璃及金属密封垫圈等亦可被用于接合密封盖与基板。

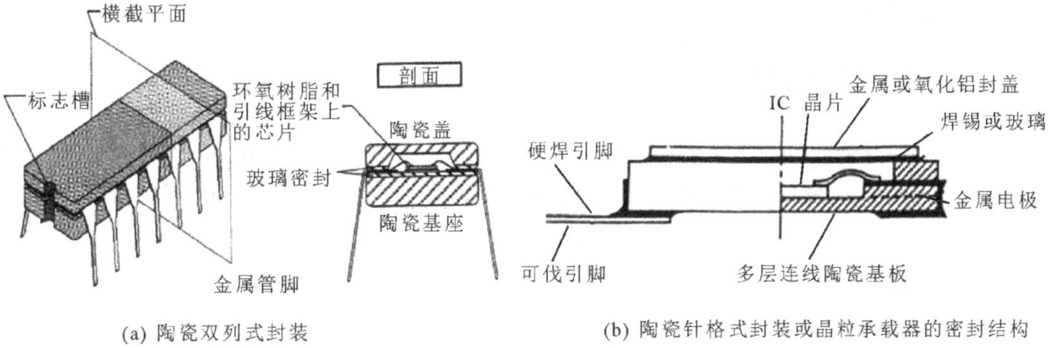

图 3-5　陶瓷双列式封装与针格式封装

3. 玻璃封装

从 20 世纪 50 年代晶体管出现开始，玻璃即为电子元器件重要的密封材料，它除了具有良好的化学稳定性、抗氧化性、电绝缘性与致密性之外，还可利用其成分的调整而获得各种不同的热性质以配合工艺需求，如图 3-6 所示为一个玻璃封装的齐纳二极管。

图 3-6　玻璃封装的齐纳二极管

玻璃封装可应用在各种封装类型中，从最早封装的第一个晶体管的 TO 帽，到金属封装、陶瓷封装都用到了玻璃封装。TO 帽中玻璃被用来形成玻璃与金属的直接封装，同时通过金属板或帽的小孔完成封装引线的输入/输出连接。盖板和 IC 芯片的陶瓷基板之间可用玻璃制成密封的夹心层。

在金属封装中，玻璃用来固定自金属圆罐或基台的钻孔伸出的针脚，它除了提供电绝缘的功能之外，还能形成金属与玻璃间的密封。在陶瓷双列式封装的开发过程中，密封材料的选择为工艺的瓶颈，一直到一种特殊玻璃(足以提供氧化铝陶瓷、金属引脚间的密封粘接)开发后这一瓶颈问题才获得解决。随后各种性质的玻璃先后被开发出来，成为集成电路封装中主要的密封材料。

玻璃和陶瓷材料间通常具有相当良好的黏着性，但金属与玻璃之间一般黏着性质不佳。控制玻璃在金属表面的润湿能力是形成稳定粘接最重要的技术，也是集成电路封装中密封技术的关键所在。一种界面氧化物饱和理论说明，当玻璃中溶解的低价金属氧化物达到饱和时，其润湿能力最佳。实验数据也说明，最佳的润湿发生在含有饱和金属氧化物浓度的玻璃与干净的金属表面接触时，金属与玻璃的粘接即利用这一结果。许多工业应用证实金属氧化物的溶解是形成金属与玻璃间密封接合的关键步骤，玻璃在没有任何表层氧化物的金属上无法形成黏结。

玻璃与金属间的压缩密封则无需金属氧化物的辅助，这种方法要选择热膨胀系数低于金属的玻璃材料进行黏结。在密封完成冷却时，金属将有较大的收缩而压迫玻璃造成密封。压缩密封所得的强度及密封性均高于匹配密封，但其接面的热稳定性则逊于匹配密封。玻璃密封的主要缺点为材料本身的强度低、脆性高，密封的过程中，除了前述金属氧化层的特性影响外，也应避免在玻璃中产生过高的残留应力而导致破裂，在运输取放过程中也应小心注意以免造成损毁。

3.1.2　非气密性封装

以高分子树脂密封塑料封装时，水分子通常在数小时内即能侵入，塑料封装一般被认为是非气密性封装。这种使用有机物材料的封装称为包封，通常用低温聚合物来实现，包封是非密封性的。

1. 包封技术

包封通过将 IC 芯片或其他元器件和环境隔离以实现保护元器件的目的，同时芯片和封装材料形成一体，以达到机械保护的目的。

包封一般采用以环氧树脂为基础成分添加各种添加剂的混合物。目前，趋向高端化的集成电路对包封材料性能的要求主要有以下八个方面：

(1) 由高纯材料组成，离子型不纯物极少。

(2) 与元器件及引线框架的黏附力好。

(3) 吸水性、渗水性低。

(4) 内部应力和成型收缩率小。

(5) 热膨胀系数小，热导率高。

(6) 成型、硬化时间短，脱模性好。

(7) 流动性及充填性好，飞边少。

(8) 具有良好的阻燃性。

最常见的包封材料可分为环氧类、氰酸酯类、聚硅酮类和氨基甲酸乙酯类四种类型。目前集成电路封装使用环氧树脂类较多，该类材料具有耐湿、耐燃、易保存、流动填充性好、电绝缘性高、应力低、强度大和可靠性好等特点。

常用的包封封装法一般是将树脂置于 IC 芯片上，使其与外界环境隔绝。覆盖树脂的方法有以下五种。

1) 涂布法

用笔或毛刷等蘸取树脂，在 IC 芯片上涂布，然后加热固化完成封装。涂布法要求树脂黏度略低。如图 3-7 所示为涂布法操作示意图。

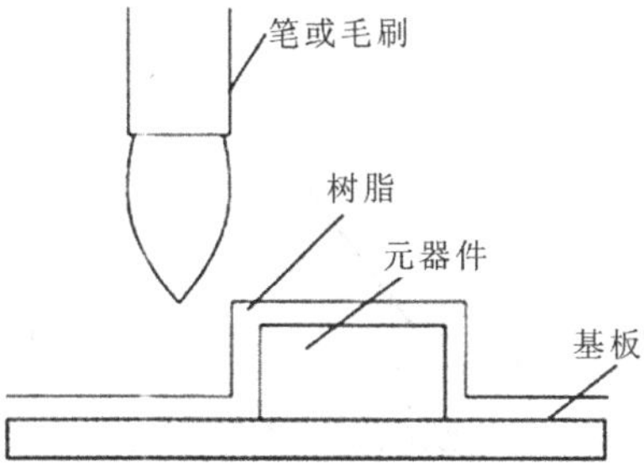

图 3-7　涂布法操作示意图

2) 浸渍法

浸渍法操作示意图如图 3-8 所示，将 IC 芯片浸入装满树脂液体的浴槽中，浸渍一段时间后再拉出，然后加热固化完成封装。使用这种方法需要注意避免 I/O 引脚变形，避免搭接，要采用掩膜等方法避免树脂在不需要的部位上附着。

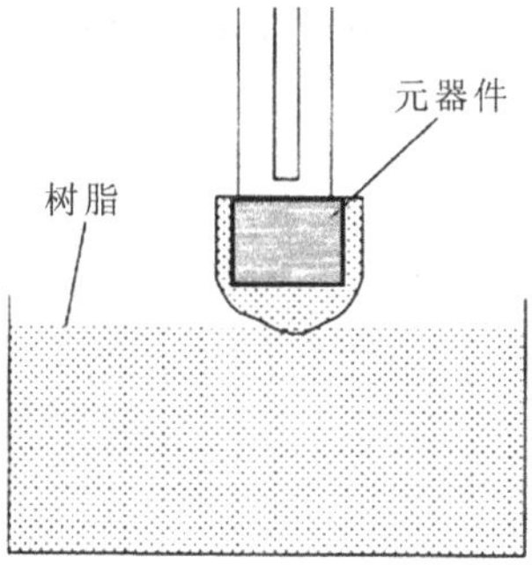

图 3-8　浸渍法操作示意图

3) 滴灌法

滴灌法又称为滴下法，用注射器等将液体树脂缓慢滴灌在 IC 芯片上，然后加热固化完成封装。该方法要求树脂黏度比较低。滴灌法操作示意图如图 3-9 所示。

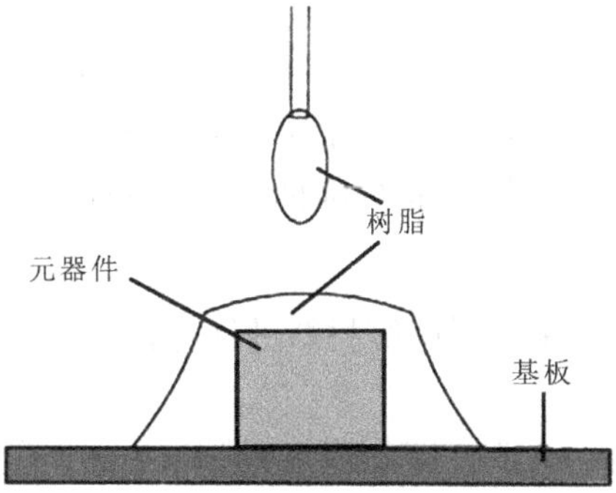

图 3-9　滴灌法操作示意图

4) 流动浸渍法

流动浸渍法又称为粉体涂装法。将 IC 芯片置于预热状态，浸入装满树脂与氧化硅粉末的混合粉体，并置于流动状态的流动浴槽中，浸渍一段时间，待粉体附着达到一定厚度后，经加热固化完成封装。图 3-10 为流动浸渍法操作示意图。

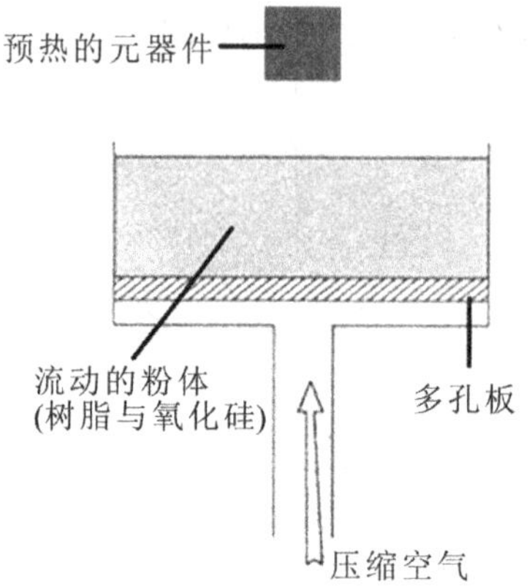

图 3-10　流动浸渍法操作示意图

5) 模注法

将 IC 芯片放入比其尺寸略大的模具或树脂盒中，构成模块，向模块间隙中注入液体树脂，然后加热固化完成封装，这是最常见的一种包封形式。如图 3-11 所示为模注法操作示意图。

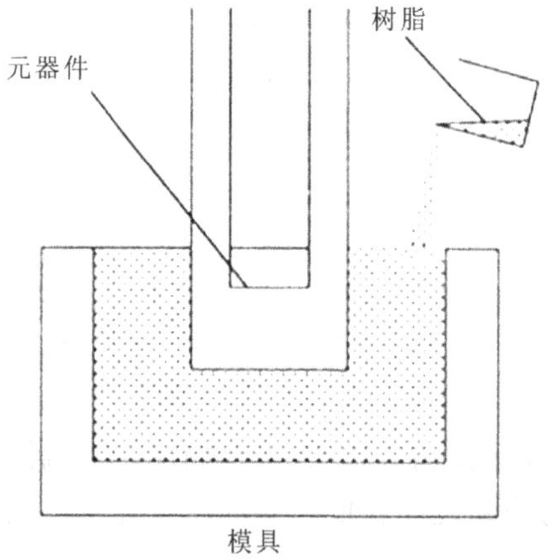

图 3-11　模注法操作示意图

以上方法均属于树脂封装，因此不可避免地会浸入一定程度的湿气。这些方法主要用于小规模、价格较低、对可靠性要求不高的一些元器件产品。

2. 塑料封装

塑料封装是对 IC 芯片采用树脂等材料进行包封的一类封装，塑料封装一般被认为是非气密性封装。

常见的塑料一般分为两大类，即热塑性塑料和热固性塑料。

热塑性塑料受热软化并熔融，成为可流动的黏稠液体，在此状态下成型为一定形状的塑件，经冷却保持原有形状。例如，再次加热该材料，又可软化熔融，可再次成型。这种循环是可逆的，可以重复多次，在成型过程中一般只有物理变化而无化学变化。

热固性塑料在成型过程中既有物理变化又有化学变化，其反应过程可以分为两个阶段。第一阶段和热塑性材料类似，生产长链分子，即软化；第二阶段是在模具中的温度和压力作用下，进一步发生化学反应，材料内部形成密集的网状组织，材料冷却后再次加热时不能软化，若温度过高，则材料碳化并分解，这是不可逆过程。

目前使用最多的塑料封装材料是以合成树脂和二氧化硅、硅粉为主体，并配入多种辅料混炼而成的材料，主要产品为环氧树脂系列和硅酮树脂系列。

塑封的过程就是塑封料在型腔中填充焊有芯片和金线的框架，常见的塑料封装工艺有传递模塑、压缩模塑和反应注射模塑等。

传递模塑包括使用冲头或柱塞，将流化的模塑配合料输送到模子中。模塑的压力低，不会损坏模腔中间的精细电子器件。模塑的模子一般为上下两块，合在一起中间形成的型腔成为封装的外形。加注到型腔中的环氧树脂固化后就可以开模取出，这样封装的器件各个面都是光滑的。利用注塑模具，用注塑头将塑封料压入模具型腔中，可将芯片和引脚完全包裹，形成完整的封装体，然后去除料饼和主/子胶道的残胶。图 3-12 就是传递模塑成型后得到的 IC 块的结构图。

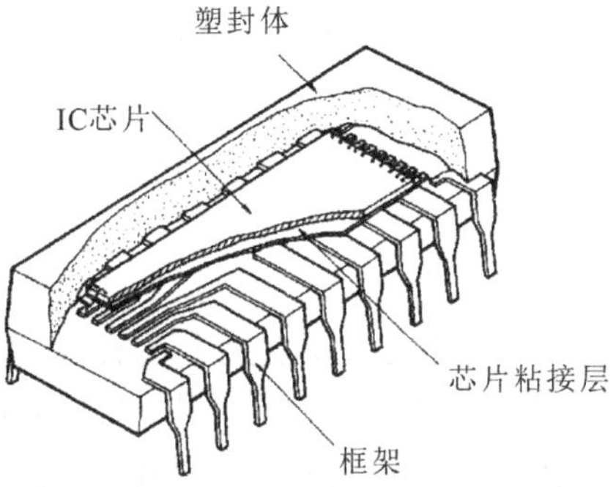

图 3-12　塑料双列直插式封装(PDIP)结构图

压缩模塑是将干燥颗粒或油灰状的环氧树脂配合料放在阳模上，然后扣上阴模施加压力，热和压力使配合料熔融并流动，充满模腔。这种方法适合大规模生产形状复杂的电子器件。

还有一种特殊的模塑工艺称作反应注射模塑，是将化学活性的树脂和硬化剂在压力下冲击混合。混合的液流直接压入模腔内，模子的热量和反应放热使器件在 2～5 分钟的时间内固化，这一模塑工艺因周期短而具有制造上的优越性。

塑料封装制造工艺已经在本书项目二中介绍，此处不再赘述。

3.1.3　气密性封装工艺流程

常见的气密性封装形式主要有金属封装和陶瓷封装。金属封装和陶瓷封装是均具有空腔结构的一类封装，这类封装通常将 IC 芯片粘接固定在管壳或基板上，通过盖板进行密封。气密封装技术主要有焊料焊、钎焊、熔焊等。

陶瓷封装通常将 IC 芯片粘接固定在一个载有引脚架或厚膜金属导线的陶瓷基板孔洞中，完成芯片与引脚或厚膜金属键合点之间的电路互连后，再将另一片陶瓷或金属封盖用玻璃、金锡或铅锡焊料与基板密封黏结而完成。如图 3-13(a)所示为陶瓷封装工艺流程，图 3-13(b)所示为塑料封装工艺流程。

为便于通过焊接来达到与陶瓷基板的封装，金属表面必须覆有金属封接带。在陶瓷封装中，封接带材料由厚膜法、共烧结铜或钨合金形成，然后对封装框架进行适当的电镀，通过焊料焊或熔焊的方法封接金属盖。综合考虑经济性、可靠性等，目前最常用的封装方法是熔焊密封技术。

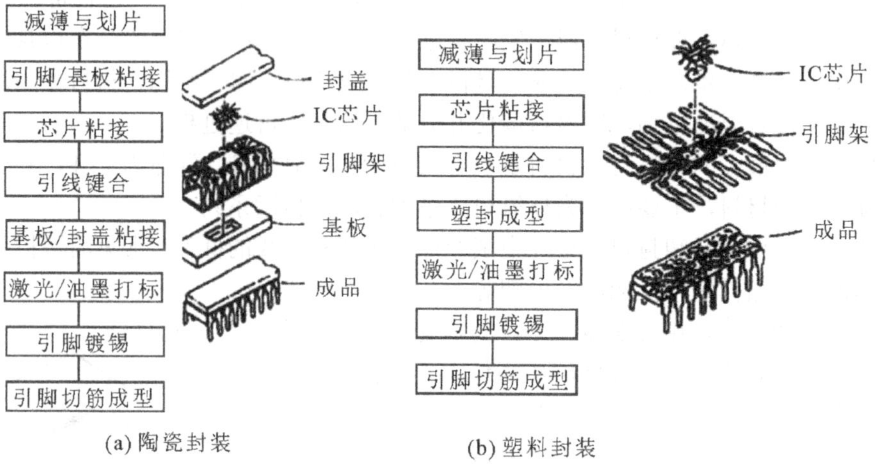

图 3-13　陶瓷封装与塑料封装工艺流程

金属封装工艺流程与陶瓷封装类似，在底座中心安装 IC 芯片，在线端头用键合丝进行键合。组装完成后，用金属封帽进行封装，构成气密坚固的封装结构。金属封装基本工艺流程可以概况为：晶圆减薄划片、贴片、引线键合、金属封装(封帽)、镀镍、打标。

典型的金属封装工艺一般分别制备金属盖板与金属封装壳体，并在壳体上制作气密的电极以提供电源及信号的 I/O 引脚。然后将芯片减薄、划片，并按照塑封前段工艺类似的方法贴片、键合；最后封帽进行封装，构成气密的、坚固的封装结构。

扩展阅读：准气密空腔型外壳的封装技术

基于非陶瓷、金属等材料的空腔型封装是近年来兴起的一种非气密或准气密封装技术。这种封装技术采用环氧树脂或液晶聚合物等塑料材料制作空腔型外壳，相对于陶瓷、金属等无机材料而言，基于塑料材质的空腔型外壳具有重量轻、介电常数低等优势，目前已经在射频电子、便携式产品中得到了应用。

并非所有具有空腔结构的封装都必须采用气密封装形式。例如，一些高性能的 CPU 芯片采用 FC 封装技术，其 CPU 芯片通过倒装方式安装在高密度基板上，其上粘接一个可用于散热的金属盖。虽然也形成了一个空腔型结构，由于所使用的封装基板通常为塑料材质，其本身是非气密的，金属盖与基板的粘接是通过 4 个角部用环氧胶进行粘接，粘接主要用来固定金属盖板而并非实现密封，故不能认为是气密封装。另外，绝大多数图像传感器的封装都采用非气密的空腔封装结构。

任务计划

根据任务决策过程中选定的方案，完成任务计划，并填写表 3-3 所示的任务计划单。

表 3-3　任务计划单

项目名称	功率三极管封装		
任务名称	功率三极管封装比选	建议学时	2
计划方式	分组讨论		
序号	任　务	时 间	负责人
1			
2			
3			
4			
5			
小组分工	讨论功率三极管封装比选所涉及的环节及其主要任务，充分细化，并落实到具体的成员，在规定的时间节点进行检查		
计划评价			

任务决策

根据芯片气密性封装与非气密性封装的基础知识的学习和理解，完成封装类型的基本了解、资料收集与整理，结合功率三极管的结构特点，提出适合功率三极管封装的可行方案，并对其进行分析和对比，最终选择最优方案，填写表 3-4 所示的任务决策单。

表 3-4　任务决策单

<table>
<tr><td colspan="2">项目名称</td><td colspan="3">功率三极管封装</td></tr>
<tr><td colspan="2">任务名称</td><td colspan="2">功率三极管封装比选</td><td>建议学时</td><td>2</td></tr>
<tr><td colspan="6">方 案 计 划</td></tr>
<tr><td></td><td>序号</td><td>封装材料</td><td colspan="3">特　点</td></tr>
<tr><td rowspan="4">方案对比</td><td></td><td></td><td colspan="3"></td></tr>
<tr><td></td><td></td><td colspan="3"></td></tr>
<tr><td></td><td></td><td colspan="3"></td></tr>
<tr><td></td><td></td><td colspan="3"></td></tr>
<tr><td>结论</td><td colspan="5"></td></tr>
</table>

任务实施

首先需要完成与气密性封装相关的资料收集任务，并将收集的资料作为比选方案的编制依据；再结合功率三极管气密性封装特点，编制完成“功率三极管封装比选报告”。实施具体任务时，可以参照表 3-5 所示的步骤进行。

表 3-5　任务实施单

项目名称	功率三极管封装		
任务名称	功率三极管封装比选	建议学时	2
计划方式	分组讨论、资料收集		
序号	实 施 步 骤		
1	小组破冰讨论项目任务		
2	小组成员根据自身特点及项目需求分配任务		
3	查询并收集整理资料		
4	小组成员分析项目，选择合理的论证资料		
5	组间成员交流学习		
6	小组成员完成项目任务方案		
7	项目展示，交流学习，对比选择最优方案		
8	完成项目方案编写		
9	制作汇报 PPT，归档		
10	总结		

在任务实施过程中，可以参照表 3-6 所示的内容来进行资料的收集与整理。

表 3-6 “场景资料收集与整理”示例

行动目标	行动方式	行动成果	备注
收集常见封装材料的相关资料	通过图书馆或网络查找相关资料并收集整理	各类封装材料的特点和优缺点等	课前独立完成

在任务实施过程中，重要的工作内容可以参照表 3-7 所示的内容。

表 3-7 “功率三极管封装比选报告”示例

项目名称	功率三极管封装					
任务名称	功率三极管封装比选					
封装种类	分类	材料	结构	封装技术的优缺点		应用及举例
				优点	缺点	
(表格可添加)						
封装类型	工艺流程					
(表格可添加)						

任务检查与评价

完成任务实施后，可采用小组互评等方式进行任务检查，具体检查内容如表 3-8 所示。

表 3-8　任务评价单

项目名称		功率三极管封装				
任务名称		功率三极管封装比选				
考核方式		过程考核				
说　明		主要评价学生在项目学习过程中的操作方式、理论知识、学习态度、课堂表现、学习能力等其他能力				
考核内容与评价标准						
序号	内容	评价标准			成绩比例/(%)	自评分
		优	良	合格		
1	基本理论掌握	了解气密性封装和非气密性封装的区别，熟悉各种封装类型及封装材料、结构；熟悉塑料封装、陶瓷封装、金属封装的工艺流程；能分析不同封装的优缺点	了解典型的气密性封装，熟悉各种封装类型及封装材料、结构；熟悉塑料封装、陶瓷封装、金属封装的工艺流程	了解典型的气密性封装，熟悉各类封装类型，了解典型封装的流程	30	
2	实践操作技能	熟练使用各种查询工具搜集和查阅封装材料的相关资料，科学合理地进行调研方案设计与实施	较熟练使用各种查询工具搜集和查阅封装材料的相关资料，科学合理地进行调研和实施	会使用各种查询工具搜集和查阅相关资料，能参与相关的调研和实施	30	
3	职业核心能力	具有良好的自主学习能力、分析解决问题的能力和与人交流的能力	具有较好的学习能力、分析解决问题的能力和与人交流的能力	能够主动学习并收集信息，具备一定的分析解决问题的能力和与人交流的能力	10	
4	工作作风与职业道德	具有严谨的科学态度和工匠精神，能够严格遵守“6S”管理制度	具有良好的科学态度和工匠精神，能够自觉遵守“6S”管理制度	具有较好的科学态度和工匠精神，能够遵守“6S”管理制度	10	
5	小组评价	具有良好的团队合作精神及沟通交流的能力，热心帮助小组其他成员	具有较好的团队合作精神和与人交流的能力，能帮助小组其他成员	具有一定的团队合作能力，能配合小组完成项目任务	10	
6	教师评价	包括以上所有内容	包括以上所有内容	包括以上所有内容	10	
合　计					100	

教学反馈

任务结束后，可采用分组方式进行教学评价，具体内容如表 3-9 所示。

表 3-9　教学反馈单

项目名称	功率三极管封装		
任务名称	功率三极管封装比选	建议学时	2
序　号	调 查 内 容	是/否	反馈意见
1	知识点是否讲解清楚		
2	解答是否及时		
3	重难点是否突出		
4	课堂组织是否合理		
5	逻辑是否清晰		
本次任务的兴趣点			
本次任务的成就点			
本次任务的疑虑点			

3.2　任务二　功率三极管封帽

任务要求：

(1) 掌握封帽工艺的目的。
(2) 掌握封帽工艺的操作流程。
(3) 掌握解决封帽工艺过程中常见问题的方法。
(4) 根据任务单要求进行任务计划及实施。

任务单

本任务需要完成功率三极管封帽，并掌握封帽机的设备操作、日常保养与维护。具体任务单内容如表 3-10 所示。

表 3-10　任　务　单

项目名称	功率三极管封装
任务名称	功率三极管封帽
任 务 要 求	
1. 任务开展要求。 (1) 分组进行资料收集并讨论完成，每组 3～5 人。 (2) 所需资料自行收集。 2. 完成金属封装封帽的资料收集与整理。 3. 提交功率三极管金属封帽的操作方案。	
任 务 准 备	
1. 知识准备。 (1) 金属封装封帽工艺作用。 (2) 金属封装封帽工艺流程。 2. 设备支持。 在该任务实施过程中需要准备的工具包括： (1) 仪器：储能封帽机或者虚拟工作平台。 (2) 工具：电脑、书籍资料、网络。	
工 作 步 骤	
(1) 小组成员破冰沟通，分析工作任务，根据成员特点完成任务分工。 (2) 小组成员根据分工各自完成相应任务。 (3) 小组成员再次合作制订操作方案。 (4) 与其他小组成员进行交流学习。 (5) 小组成员共同讨论并完成操作方案的编写。 (6) 小组成员展示操作方案。	
总 结 与 提 高	
1. 自我总结。 (1) 对组内的每个组员的工作作风进行相互评价。 (2) 分析组内分工的合理性。 2. 小组互评。 (1) 对其他小组项目内容进行评价及提问。 (2) 对其他小组成员的工作态度进行评价。 3. 拓展提高。 (1) 通过工作过程总结，提高团队分工协作能力。 (2) 总结归纳评价意见，完善操作方案，进一步规范操作方案的编制。	

本任务需要先集成电路封装工艺流程，并通过查询资料进一步了解芯片封帽工艺流程、常见设备操作及日常保养方法等。自主学习资讯单如表 3-11 所示。

表 3-11　自主学习资讯单

项目名称	功率三极管封装
任务名称	功率三极管封帽
实施方式	资料查询、小组分工、分工完成、小组讨论、组间交流，项目展示，项目评价、总结提高
任务资讯	(1) 金属封装的典型方法及相关设备有哪些？ (2) 金属封装封帽方法有哪些？ (3) 金属封装工艺流程有哪些？ (4) 日常如何保养、维护封帽机？

任务资讯

3.2.1　封帽工艺

封帽是金属封装和陶瓷封装这类具有腔体的封装与塑料封装工艺不同的一个工艺步骤。与塑料封装的工艺流程相比，其作用相当于塑封成型。封帽有多种工艺方法，最常见的有平行缝焊、钎焊、激光封焊和超声焊。

1. 平行缝焊工艺

平行缝焊的原理是单面双电极接触电阻焊，是滚焊的一种。利用两个圆锥形滚轮电极压住待封装的金属盖板和管壳上的金属框，焊接电流从变压器次级线圈一端经其中一个锥形滚轮电极分为两股电流，一股电流流过盖板，而另一股电流流过管壳，经另一锥形电极，回到变压器次级线圈的另一端，整个回路的高电阻在电极与盖板的接触处，由于脉冲电流产生大量的热，使接触处呈熔融状态，在滚轮电机的压力下，凝固后即形成一连串的焊点。这些焊点相互交叠，也就形成了气密填装焊缝。对矩形管座而言，在焊接好盖板的两条对边后，将外壳相对电极旋转 90°，在垂直方向上再焊两条对边，这样就形成了外壳的整体封装；而对圆形(椭圆)管座来说，只需要工作台旋转 180° (一般比 180° 大)就可完成整个外壳的封装。图 3-14 所示为平行缝焊工艺图。

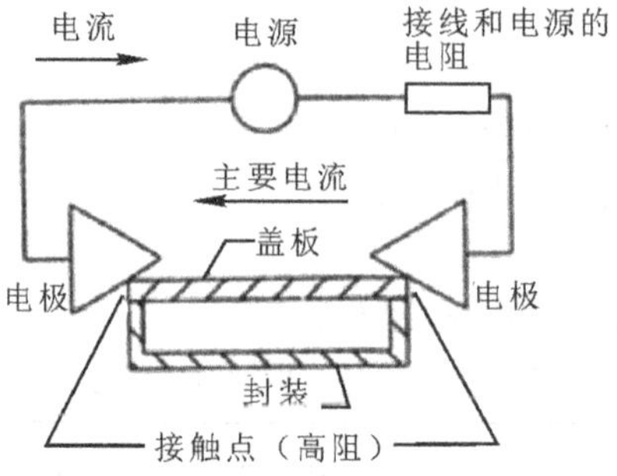

图 3-14　平行缝焊工艺示意图

与熔封炉焊接相比，缝焊工艺热量集中在密封区局部，器件内部芯片未受到高温的作用。平行缝焊的特点是局部产生高温，外壳内部的芯片温度低，对芯片不产生热冲击。

2. 激光封焊工艺

激光焊接是利用激光束优良的方向性和高功率密度的特点，通过光学系统将激光束聚集在很小的区域和很短的时间内，使被焊处形成一个能量高度集中的局部热源区，从而使被焊物形成牢固的焊点和焊缝。激光焊接能够焊接不规则几何形状的盖板和外壳且具有焊缝质量高的特点。激光器能量高度集中且可控，加热过程高度局部化，不产生热应力，使热敏感性强的 IC 芯片、MENS 器件免受热冲击。图 3-15 所示为激光封焊工艺图。

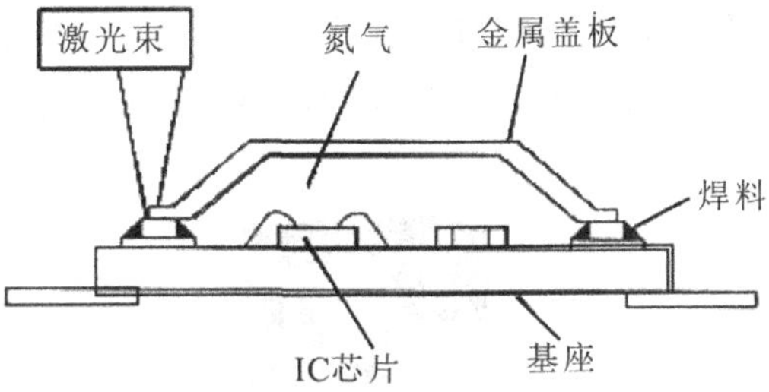

图 3-15　激光封焊工艺示意图

3. 钎焊封焊工艺

钎焊可实现气体填充或真空封帽，它是将焊料放在盖板和外壳之间施加一定的力并一同加热，焊料熔融并润湿焊接区表面，在毛细管力作用下扩散填充盖板和外壳焊接区之间的间隙，冷却后形成牢固焊接的过程。盖板焊料有 Au-Su、Sn-Ag-Cu 等。高可靠器件最常用的盖板钎焊材料是熔点为 280℃的 Au-Su 共晶焊料。焊料可以涂在盖板上，或根据盖板周边尺寸制成焊料环。图 3-16 所示是金锡焊料环用于陶瓷封装气密封帽示意图。

影响焊接质量的工艺因素有炉温曲线、最高温度、气体成分、工夹具等。在炉内密封时需要采用惰性气体(一般为氮气)保护，以防止氧化；或采用真空焊接，焊接温度在 280℃的共熔温度以上、约 350℃的峰值温度以下，保温时间一般为 3～5 分钟。选择好焊接参数，封帽成品率可在 98%以上。

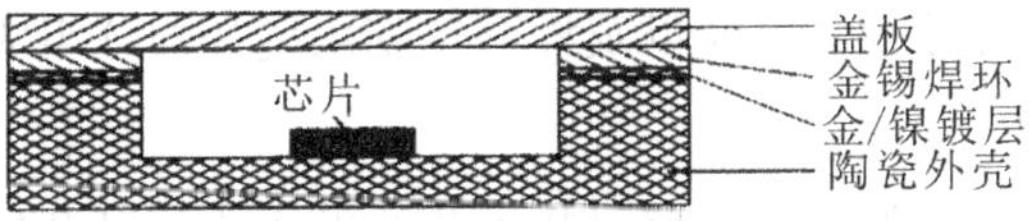

图 3-16　钎焊(金锡焊环)封帽工艺示意图

4. 超声焊接工艺

超声焊接就是使用超声能量来软化或熔化焊点处的热塑性塑料或金属。其工作原理为：振动能量通过一个能放大波幅的增幅器传输，然后超声波传输到声极，直接把振动能量传递到要组装的零件，声极也能施加焊接所需的焊接压力，振动能量通过工件传输到焊接区，在焊接区通过摩擦，机械能再转换成热能，使材料软化或熔化合为一体。

通过施加一定的压力和超声振动，可以将盖板焊接到封装体上，典型频率为 20 kHz、30 kHz 或 40 kHz。焊接质量取决于设备和零件的设计、焊接材料的性能以及能量过程，常规零件的超声焊接时间小于 1 秒。该工艺的特点是能效高、成本低、生产效率高、易实现自动化。

3.2.2 封帽工艺流程

1. 封帽设备

F 型功率三极管封装一般采用平行缝焊工艺，可以使用储能封帽机。如图 3-17 所示为常见的储能封帽机外观图。这类封帽机一般具有电极调校封帽焊接等功能。其工作程序由 PLC 进行控制。此类封帽机专为小功率晶体管、小型 TO 封装、F 型封装而设计制造。

图 3-17　储能封帽机外观图

封帽机主要部件为电容储能单工位电阻焊机，它由主机、控制箱两部分组成。主机由焊接变压器、操作面板、焊接模架、气动系统、照明灯、充气系统等部分组成。控制箱由电容箱、限流电阻、焊接控制系统以及程序控制系统等部分组成。

2. 封帽工艺操作

下面以储能封帽机为例介绍金属封装工艺的操作流程以及使用封帽机的注意事项。

金属封装封帽工艺操作的具体过程如下：

1) 清洗

将准备封帽的产品管壳或金属盖板放入烧杯，烧杯中冲入去离子水，将烧杯放入超声清洗机清洗；再将管壳或盖板取出用去离子水冲洗；反复多次清洗，再用脱水酒精脱水；最后放入烘箱中烘干。

2) 封帽

为保证金属封装器件在封装过程中不受污染，封帽机需在充满氮气的条件进行封帽操作。封帽机工作原理是将工件置于焊接模架上，同时按下左右启动按钮，机头电磁阀得电，上电极下降，经预压、焊接、保压后，上电极复位，一次焊接结束。然后再次按动启动按钮，进行第二次焊接。将右侧充气室的门关上，调整操作箱左上方的流量仪充气室进行充氮。具体步骤如下：

(1) 开机准备。将电源开关置于“关”位置，焊接开关置于“泄放”位置。电压表调节电位器旋至最小(逆时针到头)。将设备接上工作电源，同时接上氮气进气气源，调整箱内氮气流量。

(2) 开机。合上总电源开关，打开压缩空气和氮气进气阀门，按下控制面板电源红色按钮开关，把操作面板的调整焊接按钮打到焊接位置。

(3) 封帽。调整电压表电压，先采用小电流调整，根据产品焊接后的情况再逐步加大，而后将焊接夹具安装在焊盘上，并将底座及盖板放好，同时按下启动按钮(左右两边两个绿色按钮)，上电极下降，经预压、焊接、保压后，完成一次焊接过程。电极上抬到位后，手工取出工件。

3) 生产完成

封帽完成后，将产品取出，按照程序关机。在焊接过程中，如发现异常情况，可按下紧急停止按钮(右手边红色按钮)，上电极立即上升，中断以后的工作。紧急停止后，应检查并排除故障，然后按下启动按钮，机器即可正常运转。

3. 封帽机使用注意事项

使用封帽机时应注意以下事项：

(1) 必须将接地线接到整机的外壳上。

(2) 进气压力必须大于 0.6 MPa。

(3) 若发现焊接工件的焊接位置偏差和气密性下降时，必须进行电极调校，可采用无电状态手动调整电磁阀，使电极上下接触，用压印蓝纸的方法观察电极的平面度，必须使上下电极平面接触良好，才能保证焊接工件焊接端面的平整和气密性。

(4) 不得随意拆卸机器的密封部位，以防破坏机器的气密性。

(5) 后期保养时在气源三联件内应添加透明 1 号油 ISOVG32 或同级用油。

(6) 若电器部分发生故障，先将电容上的电放光后，再打开控制箱后板进行检修，以免被电容内储存的余电电击。

(7) 焊接操作时必须用两只手同时按下启动按钮，切不可用其他物品按住启动按钮进行操作，以防止由于误操作而压伤手指。

任务计划

根据任务决策过程中选定的方案，完成任务计划，填写表 3-12 所示的任务计划单。

表 3-12　任务计划单

项目名	功率三极管封装		
任务名	功率三极管封帽	建议学时	2
计划方式	分组讨论		
序号	任　务	时 间	负责人
1			
2			
3			
4			
5			
小组分工	讨论封帽工艺流程所涉及的环节及其主要任务，充分细化，并落实到具体的成员，在规定的时间节点进行检查		
计划评价			

任务决策

根据芯片封帽的基础知识的学习和理解，完成芯片封帽工艺的基本了解、资料收集与整理，并提出完成封帽工艺操作的各种可行的方案，结合功率三极管的作用特点，对比不同封装材料，最终选择最优封帽工艺方案，完成表 3-13 所示的任务决策单。

表 3-13　任务决策单

项目名称	功率三极管封装			
任务名称	功率三极管封帽		建议学时	2
方 案 计 划				
	序号	方案描述	封帽方案	
方案对比		封装材料		
结论				

任务实施

首先需要完成与芯片封帽工艺相关的资料收集任务，并将收集的资料作为编写方案的编制依据；再结合功率三极管的功能需求，编制完成“功率三极管封帽工艺操作方案”。实施具体任务时，可以参照表 3-14 所示的步骤进行。

表 3-14　任 务 实 施 单

项目名称	功率三极管封装		
任务名称	功率三极管封帽	建议学时	2
计划方式	分组讨论		
序号	实 施 步 骤		
1	小组破冰讨论项目任务		
2	小组成员根据自身特点及项目需求分配任务		
3	查询并收集整理资料		
4	小组成员分析项目，选择合理的论证资料		
5	组间成员交流学习		
6	小组成员完成项目任务方案		
7	项目展示，交流学习，对比选择最优方案		
8	完成项目方案编写		
9	制作汇报 PPT，归档		
10	总结		

在任务实施过程中，重要的工作内容可以参照表 3-15 所示的内容。

表 3-15 “功率三极管封帽工艺操作方案”示例

项目名称	功率三极管封装				
任务名称	功率三极管封帽				
封帽					
工艺流程					
材料选择					
生产过程	设备	步 骤			参数要求
(表格可添加)					

任务检查与评价

完成任务实施后，可采用小组互评等方式进行任务检查，具体检查内容如表 3-16 所示。

表 3-16　任务评价单

项目名称		功率三极管封装				
任务名称		功率三极管封帽				
考核方式		过程考核				
说　明		主要评价成员在项目实施过程中的操作方式、理论知识、学习态度、课堂表现、学习能力等其他能力				
考核内容与评价标准						
序号	内容	评 价 标 准			成绩比例/%	自评分
		优	良	合格		
1	基本理论掌握	掌握金属封帽的原理，掌握金属封帽的工艺流程，掌握封帽机日常维护技巧	掌握金属封帽的原理，掌握金属封帽的工艺流程，了解封帽机日常维护技巧	掌握金属封帽的原理，了解金属封帽的工艺流程，了解封帽机日常维护技巧	30	
2	实践操作技能	能够准确阐述金属封帽的工艺流程，能够熟练操作封帽机，能够对封帽机进行日常维护	能够准确阐述金属封帽的工艺流程，能够熟练操作封帽机，基本能够对封帽机进行日常维护	能够准确阐述金属封帽的工艺流程，基本能够操作封帽机，基本能够对封帽机进行日常维护	30	
3	职业核心能力	具有良好的自主学习能力、分析解决问题的能力和与人交流的能力	具有较好的学习能力、分析解决问题的能力和与人交流的能力	能够主动学习并收集信息，具备一定的分析解决问题的能力和与人交流的能力	10	
4	工作作风与职业道德	具有严谨的科学态度和工匠精神，能够严格遵守“6S”管理制度	具有良好的科学态度和工匠精神，能够自觉遵守“6S”管理制度	具有较好的科学态度和工匠精神，能够遵守“6S”管理制度	10	
5	小组评价	具有良好的团队合作精神及沟通交流能力，热心帮助小组其他成员	具有较好的团队合作精神和与人交流的能力，能帮助小组其他成员	具有一定的团队合作能力，能配合小组完成项目任务	10	
6	教师评价	包括以上所有内容	包括以上所有内容	包括以上所有内容	10	
合　计					100	

教学反馈

任务结束后，可采用分组方式进行教学评价，具体内容如表 3-17 所示。

表 3-17　教学反馈单

项目名称	功率三极管封装		
任务名称	功率三极管封帽	建议学时	2
序 号	调 查 内 容	是/否	反馈意见
1	知识点是否讲解清楚		
2	解答是否及时		
3	重难点是否突出		
4	课堂组织是否合理		
5	逻辑是否清晰		
本次任务的兴趣点			
本次任务的成就点			
本次任务的疑虑点			

项目四　大规模集成电路芯片封装

职业能力目标

通过本项目的学习，应达成以下能力目标：

(1) 能够准确阐述 BGA 封装技术的特征。

(2) 能够阐述 BGA 的封装结构、工艺流程、基本特点及返修工艺流程。

(3) 能够阐述 CSP、FC、MCM、3D、WLP 封装的结构、特点及应用场所。

(4) 能够阐述我国大规模集成电路发展的历程和发展趋势。

(5) 能够协同团队成员处理学习中遇到的困难。

(6) 能够以严谨的科学态度和精益求精的工匠精神撰写相关报告。

(7) 能够使用精准的专业语言与专业人员进行交流。

项目引入

集成电路是现代电子设备中最基本的构件。为了使集成电路在储存、测试、运输、组装进电子设备以及在后期使用过程中得到保护，每块集成电路都要进行封装。中、小规模集成电路的标准封装形式是双列直插式封装(DIP)，在管壳的两边有两排引脚。这种标准的引脚排列方式，对组成系统来说，与组装一台电子设备所需要的印刷线路板装配、测试等操作同样重要。

双列直插式封装不能满足超大规模集成电路的需要。这种标准封装在 I/O 端数目超过 80 个时过分庞大，设计者只能寻求更有效的封装形式。而且，由于带宽的限制，双列直插式封装不能适应许多高频应用，即使再增加单独的电源和地线也不行。最主要的是双列直插式封装对于尺寸大小和重量都很考究的许多产品来说，体积过于巨大。新的超大规模集成电路封装设计重点考虑的是 I/O 端较多、芯片功耗较大以及频带较宽的需要。因此发展先进封装技术以适应大规模集成电路发展非常必要。

本项目主要介绍适用于大规模集成电路的新型封装。通过 BGA、CSP、MCM、3D、WLP 等新型封装的学习，结合相关任务的练习，达到能力目标要求。

4.1　任务一　BGA 封装

任务要求：

(1) 掌握 BGA 封装的结构、特点及应用场所。

(2) 掌握BGA封装的工艺流程。
(3) 掌握BGA封装的返修工艺流程。
(4) 了解BGA封装的分类。
(5) 了解焊接技术和焊接材料的分类。
(6) 根据任务单要求进行任务计划及实施。

任务单

本任务需要完成BGA封装工艺的学习。先了解BGA工艺结构，然后再学习工艺流程，最后完成封装工艺方案，具体任务单内容如表4-1所示。

表4-1 任 务 单

项目名称	大规模集成电路芯片封装
任务名称	BGA封装
任 务 要 求	
1. 任务开展要求。 (1) 任务开展方式为分组讨论，每组3～5人。 (2) 所需资料自行收集。 2. 完成BGA封装的资料收集与整理。 3. 提交BGA封装的工艺方案。	
任 务 准 备	
1. 知识准备。 (1) 常见的封装类型和封装工艺。 (2) BGA封装的特点及分类。 2. 设备支持。 在该任务实施过程中需要准备的工具包括： (1) 仪表：BAG返修工作台。 (2) 工具：电脑、书籍资料、网络。	
工 作 步 骤	
(1) 小组成员破冰沟通，分析工作任务，根据成员特点完成任务分工。 (2) 小组成员根据分工各自完成相应任务。 (3) 小组成员再次合作制订工艺方案。 (4) 与其他小组成员进行交流学习。 (5) 小组成员共同讨论并完成工艺方案的编写。 (6) 小组成员展示工艺方案。	

续表

总 结 与 提 高
1. 小组自评。 (1) 对组内的每个组员的工作作风进行相互评价。 (2) 分析组内分工的合理性。 2. 小组互评。 (1) 对其他小组项目内容进行评价及提问。 (2) 对其他小组成员的工作态度进行评价。 3. 拓展提高。 (1) 总结归纳评价意见，组内讨论完善工艺方案。 (2) 提交工艺方案，进一步规范工艺方案的编写。

本任务需要先熟悉大规模集成电路封装的特点，并通过查询资料进一步了解 BGA 封装的功能、类型及封装工艺。自主学习资讯单如表 4-2 所示。

表 4-2 自主学习资讯单

项目名称	大规模集成电路芯片封装
任务名称	BGA 封装
实施方式	资料查询、小组分工、小组讨论、组间交流、成果展示、项目评价、总结提高
任务资讯	(1) BGA 封装的结构、功能及特点分别是什么？ (2) BGA 封装的工艺步骤有哪些？ (3) 焊接工艺材料及技术有哪些？ (4) BGA 封装的返修工艺流程有哪些？ (5) BGA 返修工艺注意事项有哪些？

任务资讯

4.1.1 工艺流程

球栅阵列式(Ball Grid Array，BGA)封装是于 1990 年年初由美国 Motorola 公司与日本 Citizen 公司共同开发的先进高性能封装技术。BGA 也称为球形触点阵列，还有人译为“焊球阵列” “网格焊球阵列”和“球面阵”。它在基板的背面按阵列方式制出球形触点作为引脚，在基板正面装配 IC 芯片(有的 BGA 芯片与引脚端在基板的同一面)，是多引脚大规模集成电路芯片封装用的一种表面贴装型技术，其结构如图 4-1 所示。BGA 封装的载体是普通的印制板基材，如 FR-4、BT 树脂等。芯片通过引线键合的方式连接到多层载体的上表面，然后用塑料模压制成型。在载体的下表面连接有铅锡或无铅的焊球阵列。焊球阵列在器件底面上可以呈完全分布或部分区域分布。

图 4-1 BGA 封装图

焊球的直径在 0.46 mm 以上。

1. BGA 封装主要特点

BGA 封装具有以下特点：

(1) 成品率高。采用 BGA 封装可将间距减小至 QFP 封装的万分之二、焊点的失效率减小两个数量级，无需对工艺做较大的改动。

(2) 设备简单。BGA 焊点的中心距一般为 1.27 mm，可以利用现有的 SMT 工艺设备，而 QFP 的引脚中心距如果小到 0.3 mm，引脚间距只有 0.15 mm，则需要很精密的封装设备以及完全不同的焊接工艺，实现起来极为困难。

(3) 引脚数量大。改进了元器件引出端数和本体尺寸的比率。例如，边长为 31 mm 的 BGA 封装，当间距为 1.5 mm 时有 400 只引脚，而当间距为 1 mm 时有 900 只引脚。相比之下，边长为 32 mm、引脚间距为 0.5 mm 的 QFP 封装只有 208 只引脚。

(4) 共面损坏小。明显改善共面问题，极大地减少了共面损坏。

(5) 引脚牢固。BGA 封装引脚牢固，不像 QFP 封装那样存在引脚变形问题。

(6) 电性能好。BGA 封装引脚短，使信号路径短，减小了引线电感和电容，增强了节点性能。

(7) 散热性好。球形触点阵列有助于散热。

(8) 封装密度高。BGA 封装适合 MCM 的封装需要，有利于实现 MCM 的高密度、高性能要求。

2. BGA 封装的分类

BGA 的四种主要形式为：塑料球栅阵列(PBGA)、陶瓷球栅阵列(CBGA)、陶瓷圆柱栅格阵列(CCGA)和载带球栅阵列(TBGA)。

(1) 塑料球栅阵列(Plastic Ball Grid Array，PBGA)，又被称为整体模塑阵列载体(Over Molded Plastic Array Carriers，OMPAC)，是最常用的 BGA 封装形式。PBGA 载体所采用的制造材料是 PCB 上所用的材料。采用阵列形式的低共熔点合金(37%Pb/63%Sn)焊料，并将其置于 PCB 载体的底部位置。这种阵列可以采用全部配置形式，也可以采用局部配置形式，焊球的直径大约为 1 mm，节距范围在 1.27～2.54 mm 之间，如图 4-2 所示。

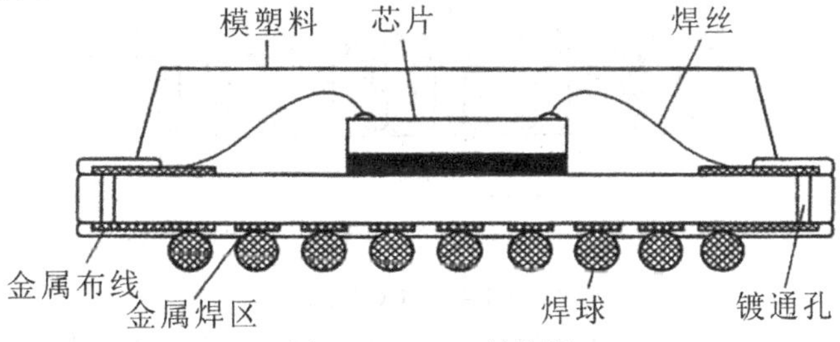

图 4-2　PBGA 结构图

(2) 陶瓷球栅阵列(Ceramic Ball Grid Array，CBGA)元器件也称为焊料球载体(Solder Ball Carriers，SBC)，是将管芯连接到陶瓷多层载体的顶部表面所组成的。在连接好元器件以后，管芯经过气密性处理可以提高其可靠性和物理保护。在陶瓷载体的底部表面上，安置有 90%Pb/10%Sn 的焊球，底部阵列可以采用全部填满形式也可以采用局部填满形式，所用的焊球直径为 1 mm，节距为 1.27 mm，如图 4-3 所示。

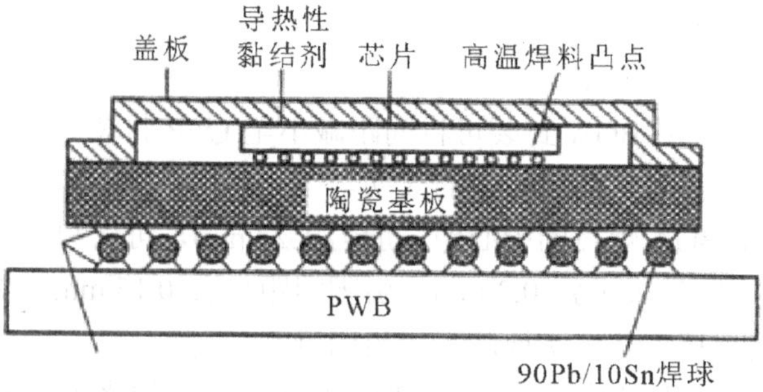

图 4-3　CBGA 结构图

CBGA 的优点主要是：

① 组件拥有优异的热性能和电性能。

② 与 QFP 器件相比较，很少会受到机械损坏的影响。

③ 当元器件装配到具有大量 I/O 应用的 PCB 上时(高于 250 I/O)，会具有非常高的封装效率。另外，这种封装直接将管芯连接到倒装芯片上，比引线键合技术具有更高密度的互连配置。在许多场合，具有特殊应用的集成电路的管芯尺寸受到线焊焊盘的限制，尤其是在具有大量 I/O 的应用场合。通过使用高密度的管芯互连配置，管芯的尺寸可以被缩小，而不会对其功能产生任何影响。这样可以允许在每个晶圆上拥有更多的管芯并降低每个管芯的成本费用。

(3) 陶瓷圆柱栅格阵列(Ceramic Column Grid Array，CCGA)器件也被称为圆柱焊料载体(Solder Column Carriers，SCC)，它是陶瓷体尺寸大于 32 m^2 的 CBGA 器件的替代品。在 CCGA 器件中采用 90%Pb/10%Sn 的焊料圆柱阵列来替代陶瓷底面的贴装焊球。这种阵列可以采用全部填充的方法，也可以采用局部填充的方法，圆柱的直径尺寸为 0.508 mm、高度约为 1.8 mm、节距为 1.27 mm，如图 4-4 所示。

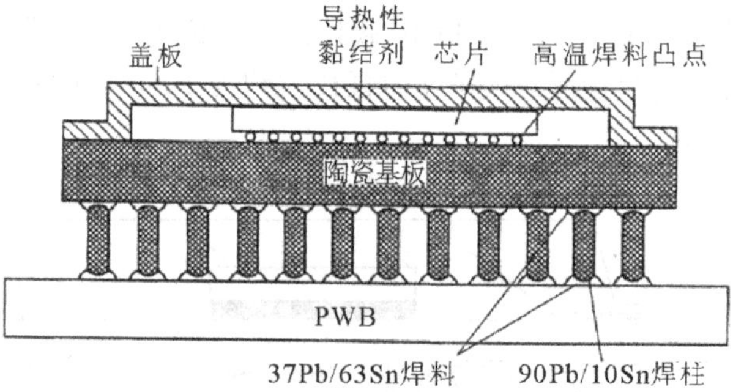

图 4-4　CCGA 结构图

(4) 载带球栅阵列(Tape Ball Grid Array，TBGA)，也称为阵列载带自动键合(Array Tape Automated Bonding，ATAB)，是一种相对新颖的 BGA 封装形式。TBGA 是由连接至铜/聚酰亚胺的柔性电路组成的，或者是由管芯连接至两层球栅阵列的铜线组成的。引线键合、再流焊接或者热压/热声波内部引线连接等方法可以用来将管芯与铜线相连接。当连接成功后，对于管芯采用密封处理以提供有效的防护，焊球通过类似于引线键合的微焊

(micro-welding)工艺处理，并被逐一地连接到铜线的另外一端，如图 4-5 所示。

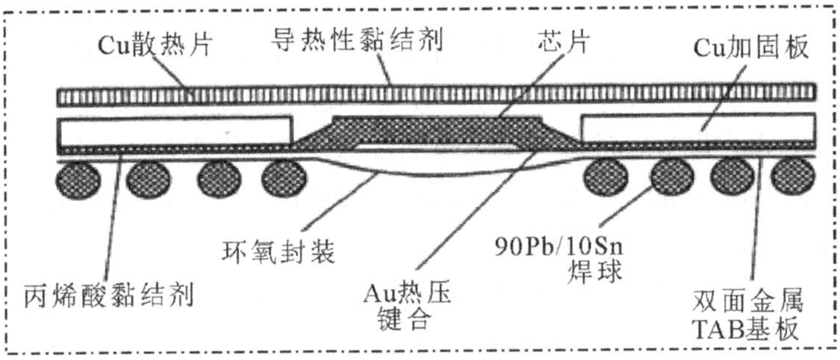

图 4-5　TBGA 结构图

3. BGA 封装工艺流程

以 PBGA 为例，其工艺流程主要分为以下几个步骤：贴片→晶圆植入→晶圆切割→晶片黏结→烘烤→离子清除→打线接合→封模→烘烤→印记→烘烤→植球→助焊剂清除→单颗化→包装及运送，如图 4-6 和图 4-7 所示。其中除了植球和项目二中的 DIP 封装工艺不同之外，其他都相同。

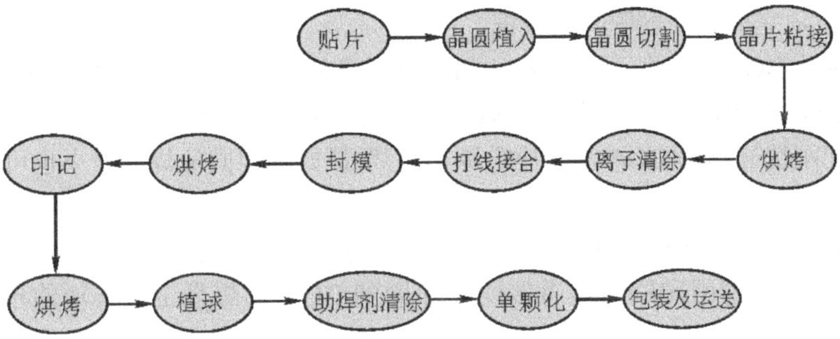

图 4-6　PBGA 封装工艺流程图

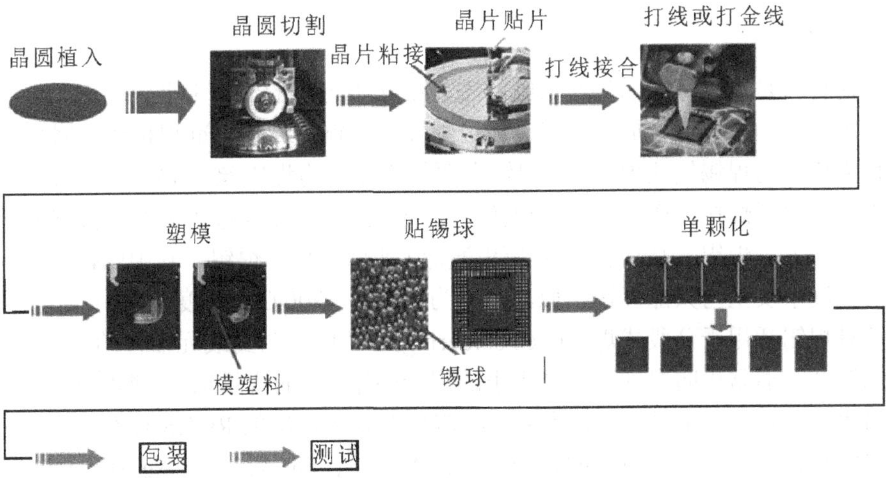

图 4-7　PBGA 封装工艺

在基板上装焊料球即植球。如今业内流行的植球法有两种：一是“锡膏”+“锡球”，二是“助焊膏”+“锡球”。

“锡膏”+“锡球”是公认的最好最标准的植球法，用这种方法植出的球焊接性好，光泽度好，熔锡过程不会出现跑球现象，较易控制并掌握。具体做法就是先用锡膏印刷到BGA的焊盘上，再在焊盘上放置一定大小的锡球，这时锡膏起的作用就是粘住锡球，并在加温的时候让锡球的接触面更大，使锡球的受热更快更全面，这就使锡球熔锡后与BGA的焊盘焊接性更好，减少虚焊的可能。

“助焊膏”+“锡球”就是用助焊膏来代替锡膏的角色。但助焊膏的特点和锡膏有很大的不同，助焊膏在温度升高的时候会变成液状，容易致使锡球乱跑；再者助焊膏的焊接性较差，所以说用第一种方法植球较理想。当然，这两种方法都需要植球座这样的专用的工具才能完成。

“锡膏”+“锡球”法具体的操作步骤如下：

(1) 先准备好植球的工具，植球座要用酒精清洁并烘干，以免锡球滚动不顺。

(2) 把预先整理好的芯片在植球座上做好定位。

(3) 把锡膏自然解冻并搅拌均匀，并均匀涂布到刮片上。

(4) 往定位基座上套上锡膏印刷框印刷锡膏，要尽量控制好手刮膏时的角度，力度及拉动的速度，完成后轻轻脱开锡膏框。

(5) 确认BGA上的每个焊盘都均匀印有锡膏后，再把锡球框套上定位，然后放入锡球，摇动植球座，让锡球滚动入网孔，确认每个网孔都有一个锡球后就可收好锡球并脱板。

(6) 把刚植好球的BGA从基座上取出待烤(最好使用回流焊，量小也可用热风枪)。这样就完成了植球。

“助焊膏”+“锡球”法的操作步骤除上述(3)、(4)步骤合并为一个步骤，用刷子沾上助焊膏，不用钢网印刷而是直接均匀涂刷到BGA的焊盘上，其他的步骤和第一种方法基本相同。

4.1.2　焊接材料

1. 焊锡

焊锡材料是电子行业的生产与维修工作中必不可少的，通常来说，常用焊锡材料有锡铅合金焊锡、加锑焊锡、加镉焊锡、加银焊锡、加铜焊锡。标准焊接作业时使用的线状焊锡被称为松香芯焊锡线或焊锡丝。焊锡主要的产品分为焊锡丝、焊锡条、焊锡膏三个大类，应用于各类电子焊接，适用于手工焊接、波峰焊接及回流焊接等工艺。根据成分焊锡分为有铅焊锡和无铅焊锡。高铅含量的铅锡合金常被称为高温焊锡，其中的锡含量可达10%，它们的强度事实上与共晶焊锡相似，但因为在183～300℃的温度范围中能保持固体状态，所以这种焊锡适用于分段式焊接(step soldering)工艺中作为封装元器件的固定材料。高锡含量的铅锡合金通常供防腐蚀等特殊需求的焊接使用，锡的含量愈高，焊锡的机械强度愈高，但价格也随之增高。无铅焊锡是为适应欧盟环保要求提出的ROHS标准。目前研究的合金不下20种，其中有发展前途的合金有Sn-Ag-Cu、Sn-Ag、Sn-Ag-Bi、Sn-Ag-Cu-Bi、Sn-Ag-Bi-In、Sn-Ag-Cu-In、Sn-Cu-In-Ga等。目前最常用的合金是Sn-Ag-Cu。

2. 锡膏

锡膏也叫焊锡膏，英文名 solder paste，为灰色膏体。焊锡膏是伴随着 SMT 应运而生的一种新型焊接材料，是由焊锡粉、助焊剂以及其他表面活性剂、触变剂等加以混合，形成的膏状混合物。锡膏主要用于 SMT 行业 PCB 表面电阻、电容、IC 等电子元器件的焊接，如图 4-8 所示。

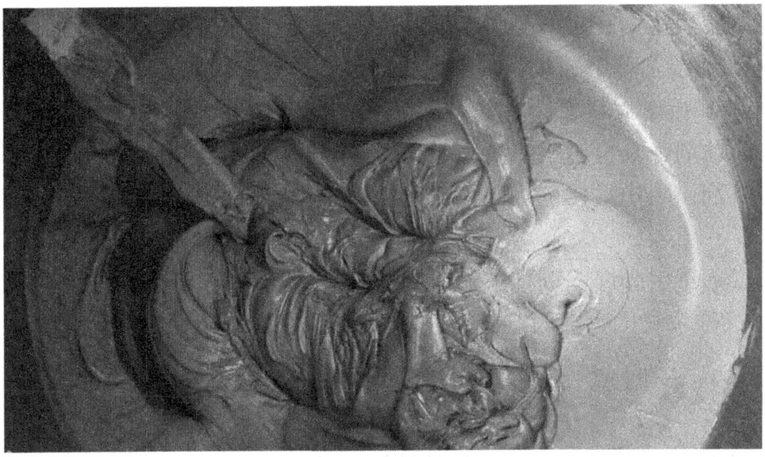

图 4-8　焊锡膏

3. 助焊剂

助焊剂是一种在焊接工艺中能帮助和促进焊接过程，同时具有保护作用、阻止氧化反应的化学物质。助焊剂可分为固体、液体和气体。助焊剂的作用主要有辅助热传导、 去除氧化物、降低被焊接材质表面张力、去除被焊接材质表面油污、增大焊接面积、防止再氧化等几个方面，在这几个方面中比较关键的作用有两个，即去除氧化物与降低被焊接材质表面张力。

近几十年来，在电子产品生产锡焊工艺过程中，一般多使用主要由松香、树脂、含卤化物的活性剂、添加剂和有机溶剂组成的松香树脂系助焊剂。这类助焊剂虽然可焊性好，成本低，但焊后残留物高，其残留物含有卤素离子，会逐步引起电气绝缘性能下降和短路等问题，要解决这一问题，必须对电子印制板上的松香树脂系助焊剂残留物进行清洗。这样不但会增加生产成本，而且清洗松香树脂系助焊剂残留的清洗剂主要是氟氯化合物，这种化合物是大气臭氧层的损耗物质，属于禁用品且已被淘汰。仍有不少公司沿用的工艺是属于前述采用松香树脂系助焊剂焊锡再用清洗剂清洗的工艺，效率较低且成本偏高。

免洗助焊剂主要原料为有机溶剂，松香树脂及其衍生物、合成树脂表面活性剂、有机酸活化剂、防腐蚀剂，助溶剂、成膜剂。简单地说是各种固体成分溶解在各种液体中形成均匀透明的混合溶液，其中各种成分所占比例各不相同，所起作用亦不相同。

(1) 有机溶剂：酮类、醇类、酯类中的一种或几种混合物，常用的有乙醇，丙醇、丁醇，丙酮、甲苯异丁基甲酮、醋酸乙酯、醋酸丁酯等。作为液体成分，其主要作用是溶解助焊剂中的固体成分，使之形成均匀的溶液，便于待焊元器件均匀涂布适量的助焊剂成分，同时它还可以清洗重量较轻的污物和金属表面的油污。

(2) 表面活性剂：含卤素的表面活性剂活性强，助焊能力高，但因卤素离子很难清洗干净，离子残留度高，卤素元素(主要是氯化物)有强腐蚀性，故不适合用作免洗助焊剂的原料；不含卤素的表面活性剂，活性稍弱，但离子残留少。表面活性剂主要是脂肪酸族或芳香族的非离子型表面活性剂，其主要功能是减小焊料与引脚金属两者接触时产生的表面张力，增强表面润湿力，增强有机酸活化剂的渗透力，也可起发泡剂的作用。

(3) 有机酸活化剂：由有机酸二元酸或芳香酸中的一种或几种组成，如丁二酸、戊二酸、衣康酸、邻羟基苯甲酸、葵二酸、庚二酸、苹果酸、琥珀酸等。其主要功能是去除引脚上的氧化物和熔融焊料表面的氧化物，是助焊剂的关键成分之一。

(4) 防腐蚀剂：减少树脂、活化剂等固体成分在高温分解后残留的物质。

(5) 助溶剂：阻止活化剂等固体成分从溶液中脱溶的趋势，避免活化剂不良的非均匀分布。

(6) 成膜剂：引脚焊锡过程中，所涂覆的助焊剂沉淀、结晶，形成一层均匀的膜，其高温分解后的残余物因有成膜剂的存在，可快速固化、硬化、减小黏性。

4.1.3　焊接技术

项目二讲述了芯片与承载体之间的粘接与键合，本章主要讲述芯片与电子线路板之间的焊接和电连接技术。

波峰焊与回流焊是电子产品生产工艺中两种比较常见的电子产品焊接方式，两者的区别主要是：波峰焊用于焊接插装型电子线路板，回流焊用于焊接 SMT 贴片型电子线路板。

1. SMT 回流焊接工艺

SMT 产品具有结构紧凑、体积小、耐振动、抗冲击、高频特性好、生产效率高等优点。SMT 在电子线路板装联工艺中占据了重要地位。

典型的表面贴装工艺分为三步：施加焊锡膏→贴装元器件→回流焊接。

第一步：施加焊锡膏。其目的是将适量的焊膏均匀地施加在 PCB 的焊盘上，以保证贴片元器件与 PCB 相对应的焊盘在回流焊接时，达到良好的电器连接，并具有足够的机械强度。

焊膏是由合金粉末、糊状焊剂和添加剂混合而成的具有一定黏性和良好电气特性的膏状体。常温下，由于焊膏具有一定的黏性，可将电子元器件粘接在 PCB 的焊盘上。在倾斜角度不是太大，也没有外力碰撞的情况下，一般元器件是不会移动的，当焊膏加热到一定温度时，焊膏中的合金粉末熔融再流动，液体焊料浸润元器件的焊端与 PCB 焊盘，冷却后元器件的焊端与焊盘被焊料互连在一起，形成电气与机械相连接的焊点。

第二步：贴装元器件。用贴装机或手工将贴装片式元器件准确地贴装到印好焊膏或贴片胶的 PCB 表面相应的位置。贴装方法有贴装机贴装方式和人工手动贴装方式两种。使用贴装机贴装元器件的优点是可以大批量生产、生产效率高，缺点是使用工序复杂、投资较大。人工手动贴装元器件的主要工具是真空吸笔、镊子、IC 吸放对准器、低倍体视显微镜或放大镜等。人工手动贴装元器件的优点是操作简便、成本较低，缺点是生产效率与操作人员的熟练程度密不可分。

第三步：回流焊接。这里从 SMT 温度特性曲线来分析回流焊的原理，温度特性曲线如图 4-9 所示。

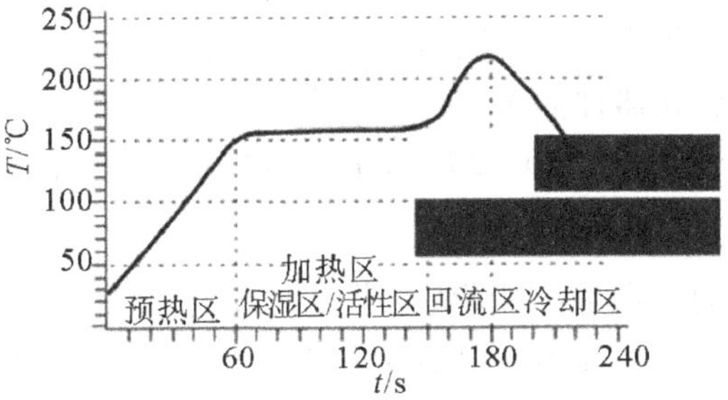

图 4-9　回流焊温度特性曲线

PCB 进入 140～160℃的预热温区时，焊膏中的溶剂、气体蒸发，同时，焊膏中的助焊剂润湿焊盘、元器件焊端和引脚，焊膏软化、塌落，随之覆盖焊盘，将焊盘、元器件引脚与氧气隔离；并使表贴元器件得到充分的预热；接着进入焊接区时，温度以每秒 2～3℃标准升温速率迅速上升使焊膏达到熔化状态，液态焊锡在 PCB 的焊盘、元器件焊端和引脚上润湿、扩散、漫流和回流混合，并在焊接界面上生成金属化合物，形成焊锡接点；最后 PCB 进入冷却区使焊点凝固。

根据工艺流程不同，回流焊可以分为红外回流焊、热风回流焊和强制热风回流焊，它们各自具有不同的优势。

红外回流焊：辐射传导热效率高，温度陡度大，易控制温度特性曲线，双面焊时 PCB 上下温度易控制。有阴影效应，温度不均匀，容易造成元器件或 PCB 局部烧坏。

热风回流焊：对流传导温度均匀，焊接质量好，但温度不易控制。

强制热风回流焊：红外热风混合加热结合红外和热风炉的优点，在产品焊接时，可得到优良的焊接效果。

由于回流焊工艺有再流动及自定位效应的特点，使回流焊工艺对贴装精度要求比较宽松，比较容易实现焊接的高度自动化与高速度。同时也正因为再流动及自定位效应的特点，回流焊工艺对焊盘设计、元器件标准化、元器件端头与印制板质量、焊料质量以及工艺参数的设置有更严格的要求。

清洗是利用物理作用、化学反应去除被清洗物表面的污染物、杂质的过程。无论是采用溶剂清洗或水清洗，都要经过表面润湿、溶解、乳化作用、皂化作用等，并通过施加不同方式的机械力将污物从表面组装板上剥离下来，然后漂洗或冲洗干净，最后吹干、烘干或自然干燥。

回流焊作为 SMT 生产中的关键工序，控制温度特性曲线是保证回流焊质量的关键。不恰当的温度曲线会使 PCB 板出现焊接不全、虚焊、元器件翘立、焊锡球过多等焊接缺陷，影响产品质量。

SMT 是一项综合的系统工程技术，其涉及范围包括基板、设计、设备、元器件、组装工艺、生产辅料和管理等。SMT 设备和 SMT 工艺对操作现场的要求为：电压要稳定，要防止电磁干扰，要防静电，要有良好的照明和废气排放设施，对操作环境的温度、湿度、空气清洁度等都有专门要求，操作人员也应经过专业技术培训。

2. 波峰焊接方法介绍

波峰焊是指将熔化的软钎焊料(铅锡合金)，经电动泵或电磁泵喷流成设计要求的焊料波，亦可通过向焊料池注入氮气来实现，使预先装有元器件的印制板通过焊料波，实现元器件焊端或引脚与印制板焊盘间机械与电气连接的软钎焊。

波峰焊流程办：将元器件插入相应的元器件孔中→预涂助焊剂→预烘(温度 90～1000℃，长度 1～1.2 m)→波峰焊(220～2400℃)→切除多余插件脚→检查。

3. 波峰焊与回流焊的区别

波峰焊与回流焊的区别是：回流焊工艺是通过重新熔化预先分配到印制板焊盘上的膏状软钎焊料，实现表面组装元器件焊端或引脚与印制板焊盘间机械与电气连接的软钎焊。波峰焊基本可以理解为，将微量的贴片胶(绝缘黏结剂)印刷到或滴涂到元器件底部或边缘位置上(贴片胶不能污染印刷板焊盘和元器件端头)，再将片式元器件贴放在印刷板表面规定的位置，然后将贴装好元器件的印刷板放在再流焊设备的传送带上，进行胶固化。固化后的元器件被牢固黏结在印刷板上，然后进行插装分立元器件，最后与插装元器件同时进行波峰焊接。

(1) 回流焊适用于贴片元器件的安装板，而波峰焊适用于手插板和点胶板，而且要求所有元器件要耐热，过波表面不能使用带有 SMT 锡膏的元器件，带有 SMT 锡膏的元器件只可使用再流焊，不可以使用波峰焊。

(2) 波峰焊是指通过锡槽将锡条熔成液态，利用电机搅动形成波，让 PCB 与元器件焊接起来，一般用在手插件的焊接和 SMT 的点胶板。回流焊主要用在 SMT 行业，它通过热风或其他热辐射传导，将印刷在 PCB 上的锡膏熔化并与元器件焊接起来。

(3) 工艺不同：波峰焊要先喷助焊剂，再经过预热→焊接→冷却区；回流焊经过预热区→回流区→冷却区。另外，波峰焊适用于手插板和点胶板，而且要求所有元器件要耐热，过波表面不可以有利用 SMT 锡膏的元器件，SMT 锡膏的板子只可以过回流焊，不可以用波峰焊。

4.1.4　返修工艺

BGA 的返修，通常是为去除功能、引线损坏或者排列错误的元器件，重新更换新的元器件。或者说，就是使不合格的电路组件恢复成与特定要求相一致的合格的组件。手工返修时必须小心谨慎，其基本的原则是不能使电路板、元器件过热，否则极易造成电路板的电镀通孔、元器件和焊盘的损伤。下面介绍 BGA 返修工艺的流程。

1. 拆焊

拆焊的具体过程如下：

(1) 对 PCB 板和 BGA 进行预热，去除 PCB 板和 BGA 内部的潮气。可使用恒温烘箱进行烘烤。

(2) 选择适合 BGA 芯片大小的风嘴并安装到机器上，上部风嘴要完全罩住 BGA 芯片或者稍大 1～2 mm 为宜。上部风嘴可以大过 BGA，但是绝对不能小于 BGA，否则可能导致 BGA 受热不均。下部风嘴则选用大于 BGA 的风嘴即可。

(3) 将需要返修的 PCB 板固定在 BGA 返修台上。调整位置，用夹具夹住 PCB 并使 BGA 对准下部风嘴(不规则的 PCB 板可使用异形夹具)，BGA 返修台如图 4-10 所示。

图 4-10　BGA 返修台

(4) 设定对应的温度曲线，有铅熔点 183℃，无铅熔点 217℃。可根据返修台内部自带的无铅标准温度曲线来使用并进行适当调整，这里建议使用可以直接通过程序设定温度曲线的 BGA 返修台，这样操作比较简便，也可以实时监测温度，方便调整。

2. 返修 BGA

返修 BGA 的具体过程如下：

(1) 清理焊盘。BGA 刚拆下时，应在最短的时间内清理 PCB 和 BGA 的焊盘，因为此时 PCB 板与 BGA 未完全冷却，温差对焊盘的损伤较小。清理焊盘工艺步骤如图 4-11 所示。

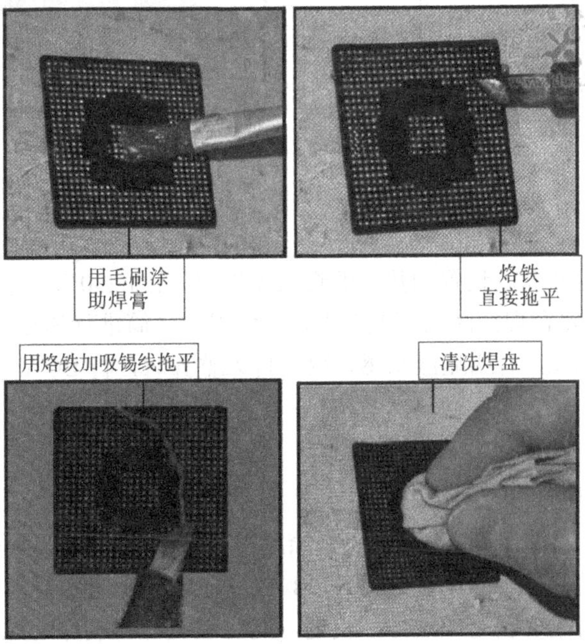

图 4-11　清理焊盘工艺步骤

(2) BGA 植球。此处需要使用植球台、对应大小的锡球以及与 BGA 匹配的钢网，其工艺流程如图 4-12 所示。

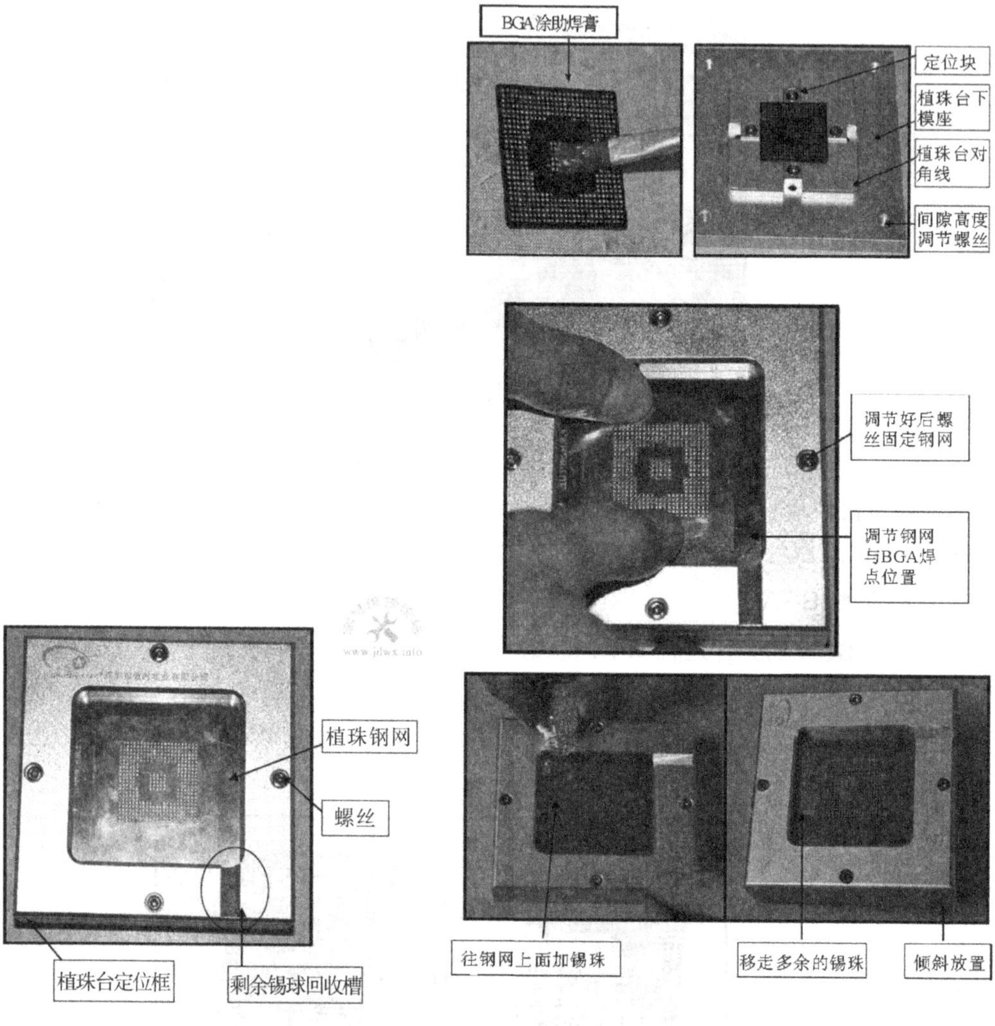

图 4-12　植球工艺步骤

(3) BGA 锡球焊接。设置加热台的焊接温度(有铅约 230℃，无铅约 250℃)，将植球完成的 BGA 放在加热台焊接区的高温布上，并使用热风筒进行加热。当 BGA 的锡球处于熔融状态，且表面光亮，有明显液态感，锡球排列整齐时，将 BGA 移至散热台，让其冷却，焊接完成。

3. 重新焊接

重新焊接的具体过程如下：

(1) 涂抹助焊膏。为保证焊接质量，涂助焊膏前应先检查 PCB 焊盘上有无灰尘，应在每次刷涂助焊膏前都擦一下焊盘。将 PCB 放置在工作台上用毛刷在焊盘位置适量涂上一层助焊膏。助焊膏过多会造成短路，反之，则容易空焊。刷涂助焊膏可以去除 BGA 锡球上的灰尘杂质，增强焊接效果。

(2) 贴装。将 BGA 对正贴装在 PCB 上；以丝印框线作为辅助对位，将 BGA 焊盘与 PCB 板焊盘基本重合，注意 BGA 表面上的方向标志应与 PCB 板丝印框线方向标志对应，防止 BGA 方向放反。在锡球融化焊接的同时，焊点之间的张力会产生一定的自对准效果。

(3) 焊接。该步骤同拆焊步骤。将 PCB 板放置在 BGA 返修台上，确保 BGA 与 PCB 对接无偏差。应用拆焊的温度曲线，点击焊接。待加热结束，自动冷却后即可取下，返修完成。

扩展阅读：回流焊发展趋势

随着众多电子产品向小型、轻型、高密度方向发展，特别是手持设备的大量使用，在元器件材料工艺方面都对原有 SMT 技术提出了严峻的挑战，也因此使 SMT 得到了飞速发展的机会。IC 引脚脚距发展到 0.5 mm、0.4 mm、0.3 mm，BGA 已被广泛采用，CSP 也崭露头角，并呈现出快速发展趋势，材料上免清洗、低残留的锡膏也得到广泛应用。所有这些都给回流焊工艺提出了新的要求，一个总的趋势就是要求回流焊采用更先进的热传递方式，达到节约能源，均匀温度，适合双面板 PCB 和新型器件封装方式的焊接要求，并逐步实现全面代替波峰焊。总体来讲，回流焊技术正朝着高效、多功能和智能化方向发展，在主要的发展领域回流焊引领了未来电子产品的发展方向。

任务计划

根据任务单要求、任务资讯内容以及收集整理的资料，填写表 4-3 所示的任务计划单。

表 4-3　任务计划单

项目名称	大规模集成电路芯片封装		
任务名称	BGA 封装	建议学时	4
计划方式	分组讨论		
序　号	任　务	时　间	负责人
1			
2			
3			
4			
5			
小组分工	讨论工艺方案所涉及的环节及其主要任务，充分细化，并落实到具体的成员，在规定的时间节点进行检查		
计划评价			

任务决策

根据 BGA 的基础知识的学习和理解，完成 BGA 封装的资料收集与整理，结合 BGA 封装功能特点，选取不同类型的 BGA 封装，并提出完成 BGA 封装工艺操作的可行方案，并对其进行分析和对比，最终选择一种方案，填写表 4-4 所示的任务决策单。

表 4-4　任务决策单

项目名称	大规模集成电路芯片封装			
任务名称	BGA 封装		建议学时	4
方 案 计 划				
方案对比	序号	封装类型	特点	工艺流程
评语				

任务实施

首先需要完成与 BGA 封装相关的资料收集任务，并将收集的资料作为工艺方案的编制依据。结合 BGA 的功能特点和返修工艺流程，编制完成“BGA 封装工艺方案”。实施具体任务时，可以参照表 4-5 所示的步骤进行。

表 4-5　任务实施单

项目名称	大规模集成电路芯片封装		
任务名称	BGA 封装	建议学时	4
计划方式	分组讨论		
序号	实 施 步 骤		
1	小组破冰讨论项目任务		
2	小组成员根据自身特点及项目需求分配任务		
3	查询并收集整理资料		
4	小组成员分析项目，选择合理的论证资料		
5	组间成员交流学习		
6	小组成员完成项目任务方案		
7	项目展示，交流学习，对比选择最优方案		
8	完成项目方案编写		
9	制作汇报 PPT，归档		
10	总结		

在任务实施过程中，重要的工作内容可以参照表 4-6 所示的内容。

表 4-6 “BGA 封装工艺方案”示例

项目名称	大规模集成电路芯片封装				
任务名称	BGA 封装				
BGA 封装					
工艺流程					
材料选择					
生产过程	设备	步 骤			参数要求
BGA 返修					
工艺流程					
材料选择					
生产过程	设备	步 骤			参数要求
焊接材料					
类型	特点	用途	性能参数	生产商	价格
(表格可添加)					

任务检查与评价

完成任务实施后，可采用小组互评等方式进行任务检查，具体检查内容如表 4-7 所示。

表 4-7 任务评价单

项目名称	大规模集成电路芯片封装
任务名称	BGA 封装
考核方式	过程考核
说 明	主要评价成员在项目实施过程中的操作方式、理论知识、学习态度、课堂表现、学习能力等其他能力

续表

考核内容与评价标准						
序号	内容	评价标准			成绩比例/(%)	自评分
		优	良	合格		
1	基本理论掌握	掌握 BGA 封装的结构、特点及应用场所，掌握BGA封装的工艺流程，掌握BGA封装的返修工艺流程，了解 BGA 封装的分类，了解焊接技术和焊接材料的分类	掌握 BGA 封装的结构、特点及应用场所，掌握BGA封装的工艺流程，了解BGA封装的返修工艺流程，了解 BGA 封装的分类，了解焊接技术和焊接材料的分类	掌握 BGA 封装的结构、特点及应用场所，了解 BGA 封装的工艺流程，了解 BGA 封装的返修工艺流程，了解 BGA 封装的分类，了解焊接技术和焊接材料的分类	30	
2	实践操作技能	能够准确阐述 BGA 封装的结构、特点及应用场所，能够准确阐述 BGA 封装的工艺流程及返修工艺流程，基本能够阐述 BGA 封装的分类、焊接技术和焊接材料的分类	能够准确阐述 BGA 封装的结构、特点及应用场所，基本能够阐述 BGA 封装的工艺流程及返修工艺流程，基本能够阐述 BGA 封装的分类、焊接技术和焊接材料的分类	基本能够阐述 BGA 封装的结构、特点及应用场所，基本能够阐述 BGA 封装的工艺流程及返修工艺流程，基本能够阐述 BGA 封装的分类、焊接技术和焊接材料的分类	30	
3	职业核心能力	具有良好的自主学习能力和分析解决问题的能力	具有较好的学习能力和分析解决问题的能力	能够主动学习并收集信息，具备一定的分析解决问题的能力	10	
4	工作作风与职业道德	具有严谨的科学态度和工匠精神，能够严格遵守“6S”管理制度	具有良好的科学态度和工匠精神，能够自觉遵守“6S”管理制度	具有较好的科学态度和工匠精神，能够遵守“6S”管理制度	10	
5	小组评价	具有良好的团队合作精神及沟通交流的能力，热心帮助小组其他成员	具有较好的团队合作精神和与人交流的能力，能帮助小组其他成员	具有一定的团队合作能力，能配合小组完成项目任务	10	
6	教师评价	包括以上所有内容	包括以上所有内容	包括以上所有内容	10	
合　计					100	

教学反馈

任务结束后，可采用分组方式进行教学评价，具体内容如表 4-8 所示。

表 4-8　教学反馈单

项目名称	大规模集成电路芯片封装		
任务名称	BGA 封装	建议学时	4
序 号	调 查 内 容	是/否	反馈意见
1	知识点是否讲解清楚		
2	解答是否及时		
3	重难点是否突出		
4	课堂组织是否合理		
5	逻辑是否清晰		
本次任务的兴趣点			
本次任务的成就点			
本次任务的疑虑点			

4.2　任务二　先进封装调研

任务要求：

(1) 掌握芯片级封装(CSP)、倒装芯片(FC)、多芯片组装(MCM)、三维封装(3D)、晶圆级封装(WLP)的结构、特点及应用场所。

(2) 根据任务单要求进行任务计划及实施。

任 务 单

本任务需要完成各种先进封装结构、功能及工艺的学习，具体任务单内容如表 4-9 所示。

表 4-9　任　务　单

项目名称	大规模集成电路芯片封装
任务名称	先进封装调研
任 务 要 求	
1. 任务开展要求。 (1) 分组进行资料收集并讨论完成，每组 3～5 人。 (2) 所需资料自行收集。 2. 完成各种先进封装类型的资料收集与整理。 3. 提交先进封装调研报告。	

续表

任务准备
1. 知识准备。 (1) 了解 CSP、FC、MCM、3D、WLP 等先进封装的相关知识。 (2) 熟悉各类先进封装的结构及功能。 2. 设备支持。 在该任务实施过程中需要准备的工具包括： (1) 仪表：无。 (2) 工具：电脑、书籍资料、网络。
工作步骤
(1) 小组成员破冰沟通，分析工作任务，根据成员特点完成任务分工。 (2) 小组成员根据分工各自完成相应任务。 (3) 小组成员再次合作制订调研方案。 (4) 与其他小组成员进行交流学习。 (5) 小组成员共同讨论并完成调研方案的编写。 (6) 小组成员展示调研方案。
总结与提高
1. 小组自评。 (1) 对组内的每个组员的工作作风进行相互评价。 (2) 分析组内分工的合理性。 2. 小组互评。 (1) 对其他小组项目内容进行评价及提问。 (2) 对其他小组成员的工作态度进行评价。 3. 拓展提高。 (1) 总结归纳评价意见，组内讨论完善调研报告。 (2) 提交调研报告，进一步规范调研报告的编写。

本任务需要先熟悉先进封装种类的相关知识，并通过查询阅读资料进一步了解先进封装的结构及功能。自主学习资讯单如表 4-10 所示。

表 4-10　自主学习资讯单

项目名称	大规模集成电路芯片封装
任务名称	先进封装调研
实施方式	资料查询、小组分工、小组讨论、组间交流、成果展示、项目评价、总结提高
任务资讯	(1) 什么是 CSP 封装及其结构、功能？ (2) 什么是 FC 封装及其结构、功能？ (3) 什么是 MCM 封装及其结构、功能？ (4) 什么是 3D 封装及其结构、功能？ (5) 什么是 WLP 封装及其结构、功能？

任务资讯

4.2.1　芯片级封装

芯片级封装(Chip Scale Package，CSP)和 BGA 产生于同一时期，是整机小型化、便携化的结果。通常认为 LSI 芯片封装面积小于或等于 LSI 芯片面积 120%的封装称为 CSP。由于 CSP 大多采用 BGA 的形式，因此最近两年封装界权威人士认为，焊球节距大于等于 1 mm 的为 BGA，小于 1 mm 的为 CSP。CSP 实际上是在 BGA 封装小型化过程中形成的，所以有人也将 CSP 称之为 μBGA(微型球栅阵列)，其外形如图 4-13 所示。按照这一定义，CSP 并不是新的封装形式，而是其尺寸小型化的要求更为严格而已。

图 4-13　CSP 封装外形

1. CSP 的特点与优势

CSP 具有如下突出的特点与优势：

(1) 封装尺寸小。CSP 是目前体积最小的 VLSI 封装之一，封装面积缩小到 BGA 的 1/4～1/10，是近似芯片尺寸的超小型封装。

(2) 可容纳引脚的数最多。在各种相同尺寸的芯片封装中，CSP 可容纳的引脚数最多，甚至可以应用在 I/O 数超过 2000 的高性能芯片上。例如，对于 40 mm×40 mm 的封装，QFP 的 I/O 端数最多为 304 个，BGA 可以达到 600～700 个，而 CSP 很容易达到 1000 个，不过目前的 CSP 还主要用于较少 I/O 端口电路的封装。

(3) 电性能优良。CSP 的内部布线长度(仅为 0.8～1.0 mm)比 QFP 或 BGA 的布线长度短得多，寄生引线电容、引线电阻及引线电感均很小，从而使信号传输延迟大为缩短。CSP 的存取时间比 QFP 或 BGA 短 1/5～1/6，同时 CSP 的抗噪能力强，开关噪声只有 DIP 封装的 1/2。这些主要电学性能指标已经接近裸芯片的水平，在时钟频率已超过双 G 的高速通信领域，LSI 芯片的 CSP 将是十分理想的选择。

(4) 测试、筛选、老化操作容易实现。MCM 技术是当今最高效、最先进的高密度封装技术之一，采用裸芯片安装，优点是无内部芯片封装延迟，极大幅度地提高了组件封装密度。但它的裸芯片测试、筛选、老化问题至今尚未解决，合格裸芯片的获得比较困难，导致成品率较低，制造成本很高；而 CSP 则可以进行全面老化、筛选、测试，并且操作、修整方便，能获得真正的 KGD 芯片，在目前情况下用 CSP 替代裸芯片安装势在必行。

(5) 散热性能优良。CSP 通过焊球与 PCB 连接，由于接触面积大，因此芯片在运行时所产生的热量可以很容易地传导到 PCB 上并散发出去；而传统的 TSOP(薄型小外形封装)方式中，芯片通过引脚焊在 PCB 上，焊点和 PCB 板的接触面积小，使芯片向 PCB 板散热相对困难。测试结果表明，通过传导方式的散热量可占到 8%以上。同时，CSP 芯片正面向下安装，可以从背面散热，且散热效果良好。

(6) 封装内无需填料。大多数 CSP 中的凸点和热塑性黏合剂的弹性很好，不会因晶片与基底热膨胀系数不同而产生应力，因此也就不必在底部填料，省去了填料时间和填料费用，这在传统的 SMT 中是不可能的。

(7) 制造工艺、设备的兼容性好。CSP 与现有的 SMT 工艺和基础设备的兼容性好，它的引脚间距完全符合当前使用的 SMT 标准(0.5～1)，无需对 PCB 进行专门设计，而且组装容易，因此完全可以利用现有的半导体工艺设备、组装技术组织生产。

CSP 在 20 世纪 90 年代中期得到大跨度的发展，每年增长一倍左右。CSP 的引脚节距一般在 1.0 mm 以下，有 1.0 mm、0.8 mm、0.65 mm、0.5 mm、0.4 mm、0.3 mm 和 0.25 mm 等。

CSP 的种类有很多，目前已广泛应用在大型液晶显示屏、液晶电视机、小型摄录一体机、计算机等产品中。

2. CSP 的结构及分类

CSP 的结构主要有四部分：IC 芯片、互连层、焊球(或凸点、焊柱)、保护层。互连层是通过自动焊接(TAB)、引线键合(WB)、倒装芯片(FC)等方法来实现芯片与焊球(或凸点、焊柱)之间内部连接的，是 CSP 的关键组成部分，CSP 的典型结构如图 4-14 所示。

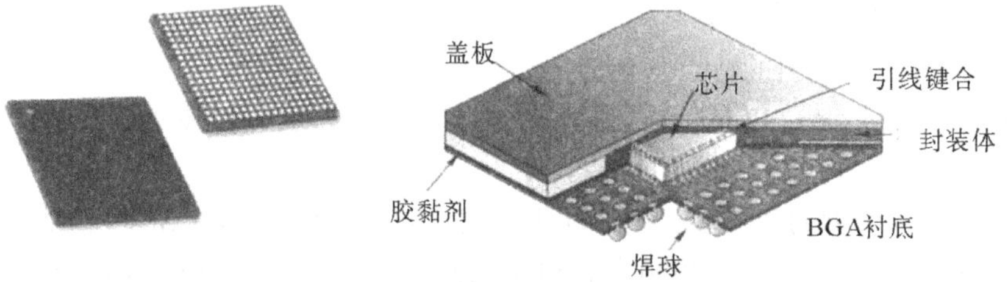

图 4-14　CSP 结构图

从工艺上来看，CSP 主要可以归纳为五种类型。

(1) 柔性基板 CSP。柔性基板 CSP 是由日本的 NEC 公司利用 TAB 技术研制开发出来的一种窄间距的 BGA，因此也可以称为 FPBGA。这类 CSP 主要由 IC 芯片、载带(柔性体)、粘接层、凸点(铜/镍)等构成。载带由聚酰亚胺和制箔组成，采用共晶焊料(63%Sn/37%Pb)作为外部互连电极材料。其主要特点是结构简单，可靠性高，安装方便，可利用传统的 TAB 焊接机进行焊接。其中最有名的是 Tessera 公司的 inicroBGA。

(2) 刚性基板 CSP。刚性基板 CSP 是由日本的 Toshiba 公司开发的一种陶瓷基板超薄型封装，因此又可称为陶瓷基板薄型封装(Ceramic Substrate Thin Package，CSTP)。它主要由芯片、氧化铝(Al_2O_3)基板、铜(Au)凸点和树脂构成。通过倒装焊、树脂填充和打印三个步骤完成。它的封装效率(芯片与基板面积之比)可达到 75%。无论是柔性基板还是刚性基板，CSP 封装均是将芯片直接放在凸点上，然后由凸点连接引线，完成电路的连接。代表厂商有摩托罗拉、索尼、东芝、松下等。

(3) 引线框架式 CSP。引线框架式 CSP 是由日本的 Fujitsu 公司研制开发的一种芯片引线的封装形式，因此也被称为 LOC (Lead On Chip)型 CSP。通常情况下分为 Tape-LOC 型和 MF-LOC 型(Mul-ti-frame-LOC)两种形式。

这两种形式的 LOC 型 CSP 都是将 LSI 芯片安装在引线框架上，芯片面朝下，芯片下面的引线框架仍然作为外引脚暴露在封装结构的外面。因此，不需要制作工艺复杂的焊料凸点，可实现芯片与外部的互连，并且其内部布线很短，仅为 0.1 mm 左右。

(4) 焊区阵列 CSP。焊区阵列 CSP 是由日本的 Panasonic 公司研制开发的一种新型封装形式，也被称为 LGA(Land Grid Array)型 CSP，主要由 LSI 芯片、陶瓷载体、填充用环氧树脂和导电黏合剂等组成。这种封装的制作工艺是先用金丝打球法在芯片的焊接区上形成 Au 凸点，然后在倒装焊时，在基板的焊区上印制导电胶，之后对事先做好的凸点加压，同时固化导电胶，这就完成了芯片与基板的连接。导电胶由 Pd-Ag 与特殊的环氧树脂组成，固化后保持一定弹性，因此，即使承受一定的应力，也不易受损。

(5) 微小模塑型 CSP。微小模塑型 CSP 是由日本三菱电机公司研制开发出来的一种新型封装形式。它主要由 IC 芯片、模塑的树脂和凸点等构成。芯片上的焊区通过在芯片上的金属布线与凸点实现互连，整个芯片浇铸在树脂上，只留下外部触点。这种结构可实现很高的引脚数，有利于提高芯片的电学性能，减少封装尺寸，提高可靠性，完全可以满足储存器、高频器件和逻辑器件的高 I/O 数需求。同时由于它无引线框架和焊丝等，因而体积特别小，提高了封装效率。

(6) 晶圆级 CSP (wafer-level package)。晶圆级 CSP 由 Chipscale 公司开发，是在晶圆阶段，利用芯片间较宽的划片槽，在其中构造周边互连，随后用玻璃、树脂、陶瓷等材料封装而完成的。

除了 CSP 的共同优点外，晶圆级 CSP 还具有独特的优点：

① 封装加工效率高，可以多个晶圆同时加工。

② 具有倒装芯片封装的优点，即轻、薄、短、小。

③ 与前工序相比，只是增加了引脚重新布线(RDL)和凸点制作两个工序，其余全部是传统工艺。

④ 减少了传统封装中的多次测试。

而晶圆级 CSP 的不足是引脚数较低，没有标准化且成本较高。

由于晶圆级封装比较重要，将在后面章节中进行专门论述。

4.2.2 倒装芯片(FC)

1. 简介

倒装芯片(Flip chip，FC)组装就是通过芯片上的凸点直接将元器件朝下互连到基板、载体或者电路板上。而导线键合是将芯片的面朝上。由于芯片是倒扣在封装衬底上的，与常规封装芯片放置方向相反，故称为倒装芯片，其结构如图 4-15 所示。倒装芯片元器件主要用于半导体设备，目前有些元器件，如无源滤波器、探测天线、存储器装备也开始使用倒装芯片技术。由于芯片通过凸点连接基板和载体，因此，更确切地说，倒装芯片也叫 DCA(Direct Chip Attach)。

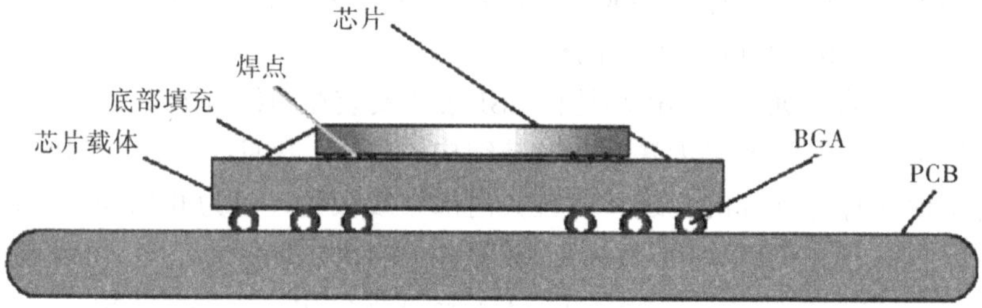

图 4-15　FC 结构图

倒装芯片技术与其他封装技术相比，在尺寸、外观、柔性、可靠性以及成本等方面有很大的优势。今天倒装芯片广泛用于电子表、手机、便携机、磁盘、耳机、LCD 以及大型机等各种电子产品上。

与其他芯片封装相比，倒装芯片技术具有以下优点：

(1) 尺寸小。倒装芯片是“封装”家族中尺寸最小的，FC 与芯片尺寸相同。由于便携式产品(如移动电话)要求限制空间，FC 所提供的电路板实用面积非常吸引人。如果以周边引脚扁平封装的电路占电路板的面积为 100%计算，那么，球栅阵列(BGA)封装所占面积就为 50%，芯片尺寸封装(CSP)所占面积为 15%，而倒装芯片的面积则为 10%。

(2) 功能增强。使用倒装芯片能增加 I/O 的数量，I/O 不像导线键合受到数量的限制。面阵列使得在更小的空间里能够进行更多信号、功率以及电源等的互连。一般的倒装芯片焊盘可达 400 个。

(3) 性能增加。短的互连减小了电感、电阻以及电容，保证了信号传播延迟减少、较好的高频率以及晶片背面较好的热通道，如图 4-16 所示。

	最差		最佳	
	W/B w/PGA	F/C w/BGA	W/B w/PGA	F/C w/BGA
电感	19.6nH	7.9nH	5.6nH	0.3nH
电容	15.9pF	6.2pF	9.1pF	2.5pF
电阻	21.0Ω	2.1Ω	20.2Ω	1.7Ω
传播延时	946psec	243psec	508psec	51psec

图 4-16　电气性能比较

(4) 可靠性高。大芯片的环氧填充确保了高可靠性，倒装芯片可减少 2/3 的互连引脚数。

(5) 散热能力强。倒装芯片没有塑封，芯片背面可进行有效的冷却。

(6) 成本低。批量的凸点降低了成本。

FC 技术经过几十年的发展，取得了一些成果，但在商业与技术方面仍然存在问题，主要表现在以下方面：

(1) FC 与 PCB 之间存在间隙，需要用液态环氧树脂(底部填料)填满。如果没有底部填料，经过温度循环试验，芯片与基板之间焊点的故障率很高，这是由于两种材料的 TCE 不同而引起的。

把底部填料滴到空隙里面，很花费时间，需要专门的设备，并且应在印制电路测试之后进行，因为要把加了底部填料的芯片拆下来实际上是不可行的。因此，如果板上有倒装芯片会影响 PCB 的装配流程。

(2) 要获得 FC，就需要在芯片上形成一层“重新布线层”，把布置在芯片四周、间距为 80～127 μm 的压焊区改为 250～400 μm 间距、成平面阵列布置的焊盘。只有用比较大的间距，倒装芯片才不会对 PCB 成本有很大的影响。但是，“重新布线层”在晶片生产过程中增加了一道工序，随之增加了成本，而且凸点制作本身就不是一个简单的技术问题。

(3) FC 只能用 X 光或超声原理进行质量检查，检测手段少，检测成本高。

(4) FC 技术实用化步伐慢，市场上，80%的 FC 用于先进硅片器件，而这些半导体生产商不敢在其产品上采用还未开发成功的 FC 结构。

(5) 芯片的凸点制作质量不能令用户满意，实用化的制作技术不成熟。许多公司不能提供从凸点制作到背研(背面研磨，即减薄硅片背面)、组装及测试等整套服务。

(6) FC 本身是一种非标准器件，为保证多条供货渠道的一致性以降低成本，需要制订工业标准。

FC 既是一种高密度芯片互连技术，同时还是一种理想的芯片贴装技术。正因为如此，它在 CSP 及常规封装(BGA、PGA)中都得到了广泛的应用。例如，Intel 公司的 PⅡ及 PⅢ 芯片就是采用 FC 互连方式组装到 FC-PBGA、FC-PGA 中的，而 Flip Chip 技术公司的 FC-DCA 则是一种超级 CSP。

严格地讲，FC 技术由来已久，并不是一项新技术。早在 1964 年，为克服手工键合可靠性差和生产率低的缺点，IBM 公司在其 360 系统的固态逻辑技术(SLT)混合组件中首次使用了该项技术，但从 20 世纪 60 年代直至 80 年代一直都未能取得重大的突破。直到最近十年随着材料、设备以及加工工艺等各方面的不断发展，同时随着电子产品小型化、高速化、多功能趋势的日益增强，FC 又再次得到了人们的广泛关注。

2. 倒装芯片的工艺

倒装芯片的工艺步骤如下：

第一步：凸点底部金属化(UBM)，如图 4-17 所示。

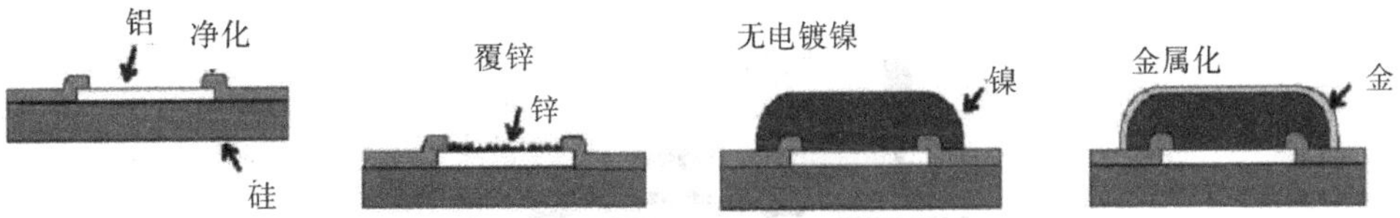

图 4-17　金属化过程

第二步：形成芯片凸点，如图 4-18 所示。

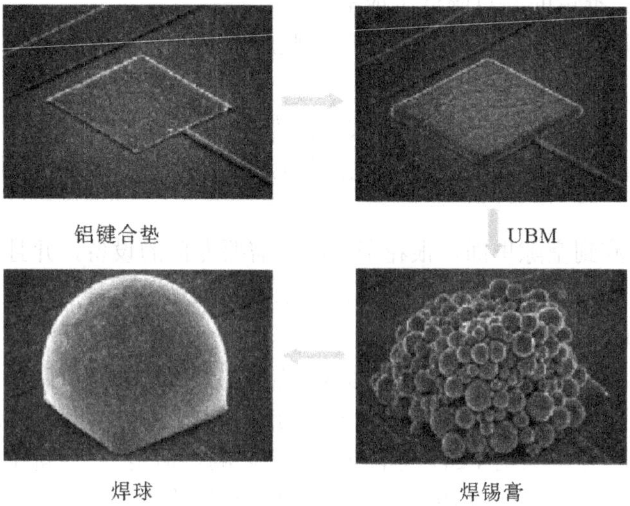

图 4-18　芯片凸点形成过程

第三步：将已经凸点的晶片组装到基板/板卡上，如图 4-19 所示。

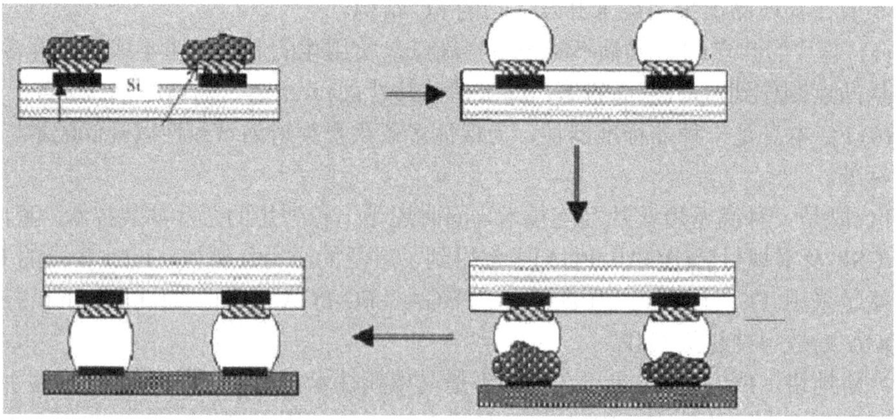

图 4-19　芯片连接过程

第四步：使用非导电材料填充芯片底部孔隙，如图 4-20 所示。

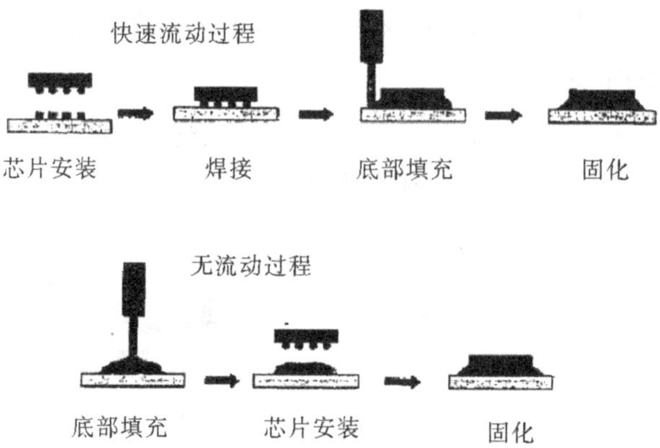

图 4-20　底部填充与固化

4.2.3　多芯片组装(MCM)

1. 简介

多芯片组装(Multi-Chip Module，MCM)是微组装技术的代表产品，指多个集成电路芯片电连接于共用电路基板上，并实现芯片间互连。它是一种典型的高级混合集成组件。这些元器件通常通过引线键合、载带键合或倒装芯片的方式未密封地组装在多层互连的基板上，然后经过塑料模塑，再用与安装 QFP 或 BGA 封装元器件同样的方法将其安装在印制电路板上，其结构如图 4-21 所示。

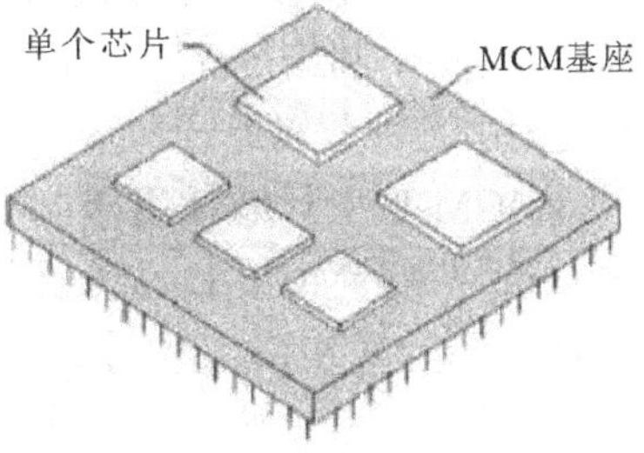

图 4-21　MCM 结构图

比起将元器件直接安装在 PCB 上，MCM 具有一定的优势，具体如下：

(1) 性能高。如芯片间传输路径缩短(减少了信号延迟)、低电源自感、低电容、低串扰以及低驱动电压。

(2) 外形小。由于 MCM 的小型化和多功能的优点，系统电路板的 I/O 数得以减少。

(3) 用途广。广泛应用于专用集成电路，尤其适用于生产周期短的产品。

(4) 价格低。主要使用廉价的硅芯片，允许采用混合的半导体技术，如 Si、Ge 或 GaAs。

(5) 结构多。混合型结构，采用以芯片级或球栅阵列封装的形式进行表面安装的设备以及离散片式的电容器和电阻。

(6) 成品率高。由于封装体内芯片有限，可保证所封装产品有较高的成品率。

(7) 可靠性强。通过缩短元器件和芯片间的互连尺寸，提高了产品可靠性。

(8) 适应性强。对各种两级互连有良好的适应性，引线框架方案可以提高连接点的性能，并使升级模块化。

(9) 功能多。增加了许多新功能。

虽然使用 MCM 有很多优势，但它仍然存在不足之处。阻碍 MCM 普遍应用的主要问题是元器件如何保持各自的成品率。虽然目前 MCM 的行情看涨，但要提高大部分元器件的成品率仍然任重而道远。另一个关键是成本，最新的 MCM-L(叠层基片多芯片组装)技术有较低的制造成本。

下面是与 MCM 制造有关的三项技术：① 基板技术；② 芯片安装及焊接技术，如引线键合、载带自动焊和倒装芯片法；③ 封装技术。

2.　MCM 分类

MCM 按照工艺方法及基板使用材料的不同可分为以下三种基本类型。

(1) MCM-L(L：Laminate)——采用有机层叠布线基板制成的 MCM。采用层压有机基材，制造采用普通印制板的加工方法，即采用印刷和蚀刻法制作铜导线，钻出盲孔、埋孔和通孔并镀铜，内层的互连由 EDA 软件设计制作。由于采用普通印制电路板的加工方法，MCM-L 具有低成本、工期短、投放市场时间短等绝对优势。MCM-L 不适用于有长期可靠性要求和使用环境温差大的场合。

(2) MCM-C(C：Ceramics)——采用厚膜或陶瓷多层基板制成的 MCM。导体是由一层层烧制金属制成的，层间通孔互连与导体同时生成，电阻可在外层进行烧制，最后用激光修整到精确值，所有导体和电阻都印刷到基板上，加工方法颇为复杂。从模拟电路、数字电路、混合电路到微波器件，MCM-C 适用于所有的应用。

(3) MCM-D(D：Deposition)——采用薄膜导体沉积硅基片制成的 MCM。采用薄膜导体沉积硅基片，制造过程类似于集成电路；基片是由硅和宽度为 1 μm～1 mm 的导体构成的，通孔则由各种金属通过真空沉积而形成。

MCM-L 型封装使用印制电路板叠合的方法制成传导基板，所得的结构尺寸规格在 100 pm 以上，MCM-L 封装成本低且电路板制作极为成熟，但它有低热传导率与低热稳定性的缺点。MCM-D 使用硅或陶瓷等材料为基板，以低介电常数(约 3.5)的高分子绝缘材料与铝、铜等导体薄膜交替叠成传导基板，MCM-D 型封装能提供最高的连线密度以及优良的信号传输特性，但目前在成本与产品合格率方面仍然有待更进一步的改善，有许多开发研究的空间。MCM-L、MCM-D、MCM-C 三种技术的电路结构与优缺点的比较，分别如表 4-11 和表 4-12 所示，实际上这三种不同的技术常被混合使用以制成高性能、高可靠度且能符合经济效益的 MCM 封装。

表 4-11　MCM-L、MCM-D、MCM-C 封装基板的电路结构比较

实用技术	互连密度/(cm • cm^{-2})	信号层数(总层)/层	总长/(cm • cm^{-2})	通孔密度/(个 • cm^{-2})
MCM-L	30	12 (12)	360	100
MCM-C	50	20 (42)	1 000	2 500
MCM-D	350	4 (8)	1 400	33 000

表 4-12　MCM-L、MCM-D、MCM-C 封装的优缺点比较

<table>
<tr><th>技术类别</th><th>工艺技术</th><th>基板种类</th><th>优 点</th><th>缺 点</th></tr>
<tr><td rowspan="2">MCM-L</td><td>COB
TOB
(TAB on Board)</td><td>印刷电路板</td><td>价位低；设备与技术成熟</td><td>热传导性质不佳；热稳定性不佳；组装困难</td></tr>
<tr><td>金属夹层技术</td><td>铝</td><td>热稳定性好；低价位；单层基板</td><td>难以制成多层结构</td></tr>
<tr><td>MCM-C</td><td>薄膜技术</td><td>硅芯片陶瓷金属共 23 个烧陶瓷</td><td>最高的互连密度；低电路层数；电性优异；低介电系数材料</td><td>新型技术；工艺烦琐；设备成本高；成品低成本高</td></tr>
<tr><td rowspan="4">MCM-D</td><td>厚膜混合技术</td><td>氧化铝</td><td>设备与技术成熟；高互连密度</td><td>材料成本高；烧结步骤烦琐</td></tr>
<tr><td>薄膜混合技术</td><td>氧化铝</td><td>更高互连密度；热膨胀系数低</td><td>价位高；难以制成多层结构</td></tr>
<tr><td>高温共烧技术</td><td>氧化铝
陶瓷</td><td>高互连密度；热与机械性质好</td><td>有基板收缩的困难；需电镀保护；高介电系数材料</td></tr>
<tr><td>低温共烧技术</td><td>玻璃
陶瓷</td><td>高互连密度；银金属化工艺；低介电系数材料</td><td>有基板收缩的困难；热传导性不佳</td></tr>
</table>

目前，实现系统集成的技术途径主要有两个：一是半导体单片集成技术；二是 MCM 技术。前者是通过晶片规模的集成技术，将高性能数字集成电路(含存储器、微处理器、图像和信号处理器等)和模拟集成电路(含各种放大器、变换器等)集成为单片集成系统；后者是通过三维多芯片组件技术实现集成的功能。

MCM 早在 20 世纪 80 年代初期就曾以多种形式存在，但由于成本昂贵，只用于军事、航天及大型计算机上。近年来，随着技术的进步及成本的降低，MCM 在计算机、通信、雷达、数据处理、汽车行业、工业设备、仪器与医疗等电子系统产品上得到越来越广泛的应用，已成为最有发展前途的高级微组装技术。

例如，利用 MCM 制成的微波和毫米波系统级封装 SOP(System On a Package)，为不同材料系统的部件集成提供了一项新技术，使得将数字专用集成电路、射频集成电路和微机电器件封装在一起成为可能。因此，MCM 在组装密度(封装效率)、信号传输速度、电性能以及可靠性等方面独具优势；能最大限度地提高集成度和高速单片 IC 性能，从而制作成高速的电子系统，是实现整机小型化、多功能化、高可靠、高性能的最有效途径。

4.2.4　三维封装(3D)

1. 简介

通常所说的多芯片组件都是指二维的多芯片组装(2D-MCM)，它的所有元器件都布置在一个平面上，但其基板内互连线的布置是三维的。随着微电子技术的进一步发展，芯片的集成度大幅度提高，对封装的要求也更加严格，2D-MCM 的缺点也逐渐暴露出来。目前，2D-MCM 组装效率最高可达 85%，已接近二维组装所能达到的最大理论极限，这已成为混合集成电路持续发展的障碍。

为了改变这种状况，三维多芯片组件(3D-MCM)就应运而生了，其最高组装密度可达 200%。3D-MCM 是指元器件除了在 X-Y 平面上展开以外，还在垂直方向(Z 方向)上排列，与 2D-MCM 相比，3D-MCM 具有更高的集成度及组装效率，更小的体积及重量，更低的功耗，更快的信号传输速度等。MCM 结构如图 4-22 所示。

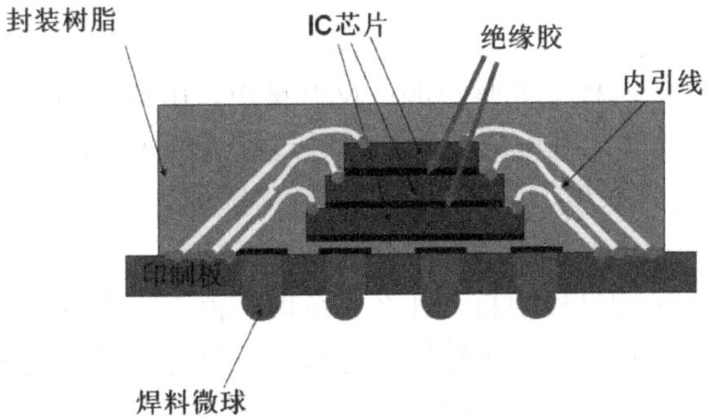

图 4-22　MCM 结构图

三维多芯片组件技术是现代微组装技术发展的重要方向，是三维电子技术领域跨世纪的一项关键技术。由于宇航、卫星、计算机及通信等军事和民用领域对提高组装密度、减轻重量、减小体积、提高性能和提高可靠性等方面的迫切需求，加之 3D-MCM 在满足上述要求方面具有的独特优点，因此近年来该项新技术在国外得到迅速发展。

1) 3D 封装技术的主要优点

(1) 尺寸和重量小，3D 设计替代单芯片封装缩小了器件尺寸、减轻了重量。尺寸缩小及重量减轻的部分取决于垂直互连的密度。和传统的封装相比，使用 3D 技术可缩小尺寸、减轻重量为原来的 1/50～1/40。相对 MCM 技术，3D 封装技术可缩小体积为原来的 1/6～1/5，减轻重量为原来的 1/19～1/3。

(2) 硅片效率高，封装技术的一个主要问题是 PCB 芯片焊区，如图 4-23 所示。由于 MCM 使用了裸芯片，焊盘减小了 20%～90%，而 3D 封装则更有效地使用了硅片的有效区域，这被称为“硅片效率”。硅片效率是指叠层中总的基板面积与焊区面积之比，与其他 2D 封装技术相比，3D 技术的硅片效率超过 100%。

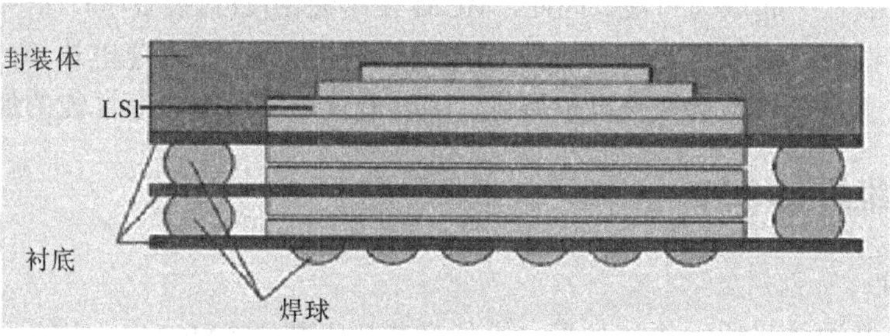

图 4-23　基板上安装了 8 个芯片的 3D 封装

(3) 延迟短。延迟指信号在系统功能电路之间传输所需要的时间。在高速系统中，总延迟时间主要受传输时间限制，传输时间是指信号沿互连线传输的时间，传输时间与互连长度成正比，因此缩短延迟就需要用 3D 封装缩短互连长度。缩短互连长度，降低了互连伴随的寄生电容和电感，因而缩短了信号传输延迟。例如，使用 MCM 技术的信号延迟缩短为原来的 1/3，而使用 3D 技术由于电子元器件相互间非常接近，延迟则更短。

(4) 噪声小。噪声通常被定义为夹杂在有用信号间不必要的干扰，影响着信号的信息。在高性能系统中，噪声处理主要是一个设计问题，噪声通过降低边缘比率、延长延迟及降低噪声幅度限制着系统性能，会导致错误的逻辑转换。噪声幅度和频率主要受封装和互连限制。

在数字系统中存在四种主要噪声源：反射噪声、串扰噪声、同步转换噪声、电磁干扰(EMT)。所有这些噪声源的幅度取决于信号通过互连的上升时间，上升时间越快，噪声越大。3D 技术缩短了互连长度，因而降低了互连伴随的寄生性。另一方面，如果使用 3D 技术没考虑噪声因素，那么噪声在系统中会成为一个问题。如果互连沿导线的阻抗不均匀或其阻抗不能匹配源阻抗和目标阻抗，那么系统就会潜在一个反射噪声；如果互连间距不够大，也会有潜在的串扰噪声。由于缩短互连长度、降低互连伴随的寄生性，同步噪声也被减小，因此，3D 封装相比同等互连数目的其他类型封装产生的同步噪声更小。

(5) 功耗低。寄生电容和互连长度成比例，因此，由于寄生性的降低，总功耗也降了下来。例如，10%的系统功耗散失在 PWB 上的互连中，如果采用 MCM 技术制造产品，功耗将降低 4/5，因而产品比 PWB 产品更少消耗 8%的功耗。如果采用 3D 技术制造产品，由于缩短了互连长度，降低了互连伴随的寄生性，功耗则会更低。

(6) 速度快。从速度方面，3D 技术可以使 3D 元器件以更快的转换速度(频率)运转而不增加功耗。此外，降低寄生性电容和电感，减小了 3D 元器件尺寸和噪声，便于提高每秒的转换率，这使总的系统性能得以提高。

(7) 互连适用性和可接入性强。假定典型芯片厚度为 0.6 mm，在 2D 封装图形中，距叠层中心等互连长度的元器件有 116 个，而采用 3D 封装技术，距中心元器件等距离的元器件只有 8 个，因而，叠层互连长度的缩短降低了芯片间的传输延迟。此外，垂直互连可最大限度地使用有效互连，而传统的封装技术则受诸如通孔或预先设计好的互连的限制。由于可接入性和垂直互连的密度(平均导线间距的信号层数)成比例，因此 3D 封装技术的可接入性依赖于垂直互连的类型。外围互连受叠层元器件外围长度的限制，与之相比，内部互连更适用、更便利。

(8) 带宽大。在许多计算机和通信系统中，互连带宽(特别是存储器的带宽)往往是影响计算机和通信系统性能的重要因素。因而，降低延迟、增大母线带宽是有效的措施。例如，Intel 公司将 CPU 和二级存储器用多孔 PGA 封装在一起以获得大的存储器带宽。令人激动的是 3D 封装技术可能被用来将 CPU 和存储器芯片集成起来，避免了高成本的多孔 PGA。

2) 3D 封装技术的缺点

(1) 热处理要求加大。随着高性能系统建设要求的提高，电子封装设计正朝向芯片更大、I/O 端口更多的方向发展，这就要求提高电路密度和可靠性。提高电路密度意味着提高功率密度，功率密度在过去的 15 年内已呈指数增长，在将来仍将持续增长。

采用 3D 技术制造元器件，功率密度高，因此，就得认真考虑热处理问题。3D 技术需要在两个层次进行热处理：第一是系统设计级，将热能均匀地分布在 3D 元器件表面；第二是封装级，可用以下一种或多种方法解决。其一，可采用诸如金刚石或化学气相淀积(CVD)金刚石的低热阻基板；其二，采用强制风冷或冷却液来降低 3D 元器件的温度；其三，采用一种导热胶并在叠层元器件间形成热通孔将热量从叠层内部排到其表面。随着电路密度的增加，热处理器将会遇到更多的问题。

(2) 设计复杂性增加。在持续提高集成电路的密度、性能和降低成本方面，互连技术的发展起着重要作用。在过去的 20 年内，电路密度提高约 10 000 倍，据 Intel 前首席执行官 Gordon Moore 评价，IC 的集成度将每年翻一番，后来改为 IC 的集成度每 1.5 年翻一番。所以，芯片的特征尺寸、几何图形分辨率也向着不断缩小的方向发展。同时功能集成度的提高使芯片尺寸更大，这就要求增大硅片尺寸的材料，研制处理更大的硅片制造设备。

采用 2D 技术已实现了许多系统功能，然而，采用 3D 技术只完成了少量复杂的系统及元器件，还要采取设计和研制软件的方法解决系统复杂性不断增加的问题。

(3) 成本增加。任何一种新技术的出现，其使用都存在着预期高成本问题。3D 技术也是这样，这是由于缺乏基础设施、生产厂家不愿冒险更新新技术造成的。此外，高成本也是器件复杂性的制约因素。影响叠层成本的因素有：

① 叠层高度及复杂性。

② 每层的加工工序数(例如，对于裸芯片叠层，目前生产厂家工序数为 5～50)。

③ 叠层前在每块芯片上采用的测试方法。

④ 每块芯片是否老化(IDDQ 漏电流测试通常是一种低成本的替代方法)。

⑤ 硅片后处理(例如，焊盘走线、晶圆修磨、通过基板和通过基板通孔等是非常昂贵的)。

⑥ 叠层每层要求的完好芯片(KGD)的数目取决于3D生产厂家，在3～20个之间不等，如果修磨晶圆，3D生产厂家可能要求每叠层两块晶圆，会使得成本过高。

此外，非重复性工程(NRE)成本也是不容忽视的，采用 3D 技术难度更大。严重影响NRE的因素有：

① 样品叠层批量试验品的试验范围(例如，热测试、应力表测试及电测试等)。

② 要求的样品叠层数(通常在20～50个之间不等)。

③ 单个裸芯片系统级设计的3D生产厂家应用水平(例如，不同的3D生产厂家在模拟热和串扰方面的能力大大不同)。

(4) 交货时间长。交货时间指生产一个产品所需要的时间，它受系统复杂性和要求的影响。3D封装技术比2D封装技术的交货时间要长。一份调查表明，根据3D元器件的尺寸和复杂性，3D封装厂家的“交货时间”为6～10月，这比采用MCM-D技术所需的时间要长2～4倍。

2. 3D 封装的分类

实现3D封装主要有三种方法。第一种是埋置型，即将元器件埋置在基板多层布线内或埋置、制作在基板内部。电阻和电容一般可随多层布线用厚、薄膜法埋置于多层基板中，而IC芯片一般要紧贴基板；还可以在基板上先开槽，将IC芯片嵌入，用环氧树脂固定后与基板平面平齐，然后实施多层布线，最上层再安装IC芯片，从而实现3D封装。第二种方法是有源基板型，它是用硅晶圆IC(WSI)作为基板，先将WSI用一般半导体IC制作方法形成次元器件集成化，即为有源基板；然后再实施多层布线，顶层仍安装各种其他 IC芯片或其他元器件，实现3D封装，这是一种人们最终追求并力求实现的3D封装技术。第三种方法是叠层法，即在 2D 封装的基础上，把多个裸芯片、封装芯片、多芯片组件(MCM)、甚至硅晶圆进行叠层互连，构成立体封装，这种结构称作叠层型3D封装。由于3D的组装密度高，功耗大，基板多为导热性好的高导热基板，如硅、氮化铝和金刚石薄膜等。如图4-24、图4-25所示分别是裸芯片叠层和封装叠层的3D封装结构。

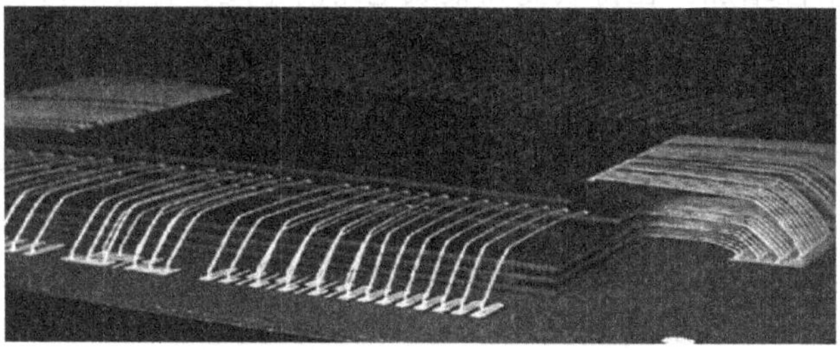

图4-24　裸芯片叠层3D封装

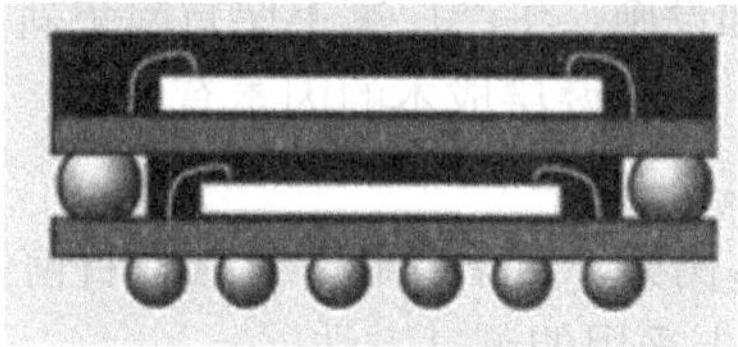

图4-25　封装叠层3D封装

4.2.5　晶圆级封装(WLP)

1. 简介

晶圆级封装(Wafer Level Package，WLP)以 BGA 技术为基础，是一种经过改进和提高的 CSP。

晶圆级封装技术以晶圆为加工对象，在晶圆上同时对众多芯片进行封装、老化、测试，最后切割成单个器件，可以直接贴装到基板或印刷电路板上。晶圆级封装使封装尺寸减小至 IC 芯片的尺寸，生产成本大幅度下降，其制造流程如图 4-26 所示。有人将 WLP 称为晶圆级-芯片尺寸封装(WLP-CSP)，它不仅充分体现了 BGA、CSP 的技术优势，而且是封装技术取得革命性突破的标志。晶圆级封装技术采用批量生产工艺制造技术，可以将封装尺寸减小至 IC 芯片的尺寸，生产成本大幅下降，并且把封装与芯片的制造融为一体，这将彻底改变芯片制造业与芯片封装业分离的局面。晶圆级封装技术的优势使其一出现就受到极大的关注并迅速获得巨大的发展和广泛的应用。在移动电话等便携式产品中，已普遍采用晶圆级封装型的 EPROM、IPD(集成无源器件)、模拟芯片等器件。晶圆级封装技术已广泛用于闪速存储器、EEPROM、高速 DRAM、SRAM、LCD 驱动器、射频器件、逻辑器件、电源/电池管理器件和模拟器件(稳压器、温度传感器、控制器、运算放大器、功率放大器)等领域。

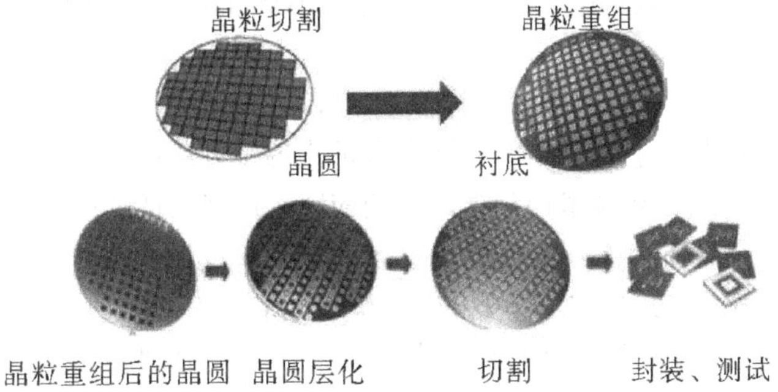

图 4-26　WLP 制造流程

一般来说，IC 芯片与外部的电气连接是金属引线以键合的方式把芯片上的 I/O(输入/输出端口)连至封装载体并经封装引脚来实现的。IC 芯片上的 I/O 通常分布在周边，随着 IC 芯片特征尺寸的减少和集成规模的扩大，I/O 的间距不断减小、数量不断增大。当 I/O 间距减少至 70 μm 以下时，引线键合技术就不再适用，必须寻求新的技术途径。晶圆级封装技术利用薄膜再分布工艺，使 I/O 可以分布在 IC 芯片的整个表面上而不再仅仅局限于窄小的 IC 芯片的周边区域，从而成功解决了上述高密度、细间距 I/O 芯片的电气互连问题。

传统封装技术以晶圆划片后的单个芯片为加工目标，封装过程在芯片生产线以外的封装厂实现。晶圆级封装技术与传统封装技术截然不同，它以晶圆为加工对象，直接在晶圆上同时对众多芯片封装、老化、测试，封装的全过程都在晶圆生产厂内运用芯片的制造设备完成，使芯片的封装、老化、测试完全融合在晶圆的芯片生产流程中。封装好的晶圆经切割得到单个 IC 芯片，可以直接贴装到基板或印制电路板上，由此可见，晶圆级封装技术是真正意义上的批量生产芯片技术。

晶圆级封装是尺寸最小的低成本封装，与其他封装一样，为 IC 芯片提供电气连接、散热通路、机械支撑和环境保护，并能满足表面贴装的要求。

晶圆级封装成本低与多种原因有关。第一，它是以批量生产工艺进行制造的；第二，晶圆级封装生产设施的费用低，因为它充分利用了芯片的制造设备，无需投资另建封装生产线；第三，晶圆级封装的芯片设计和封装设计可以统一考虑、同时进行，这将提高设计效率，减少设计费用；第四，晶圆级封装从芯片制造、封装到产品发往用户的整个过程中，中间环节大大减少，周期缩短，这必将导致成本的降低。此外，应注意晶圆级封装的成本与每个晶圆上的芯片数量密切相关，晶圆上的芯片数越多，晶圆级封装的成本也越低。

晶圆级封装主要采用薄膜再分布技术、凸点技术等两大技术。薄膜再分布技术是种典型的再分布工艺，最终形成的焊料凸点呈面阵列布局，该工艺中，采用 BCB /PI 作为再分布的介质层，Cu 作为再分布连线金属，采用溅射法沉积凸点底部金属层(UBM)，丝网印刷法淀积焊膏并回流。凸点技术是晶圆级封装工艺过程的关键技术，它是在晶圆的压焊区铝电极上形成凸点的。晶圆级封装凸点制作工艺常用的方法有多种，每种方法都各有其优缺点，适用于不同的工艺要求。要使晶圆级封装技术得到更广泛的应用，选择合适的凸点制作工艺极为重要。在晶圆凸点制作中，金属沉积占到全部成本的 50%以上。晶圆凸点制作中最为常见的金属沉积步骤是凸点下金属化层(UBM)的沉积和凸点本身的沉积，一般通过电镀工艺实现。

凸点制作是圆片级封装工艺过程的关键工序，它是在晶圆片的压焊区铝电极上形成凸点的。圆片级封装凸点制作工艺常用的方法有多种，每种方法都各有其优缺点，适用于不同的工艺要求。要使圆片级封装技术得到更广泛的应用，选择合适的凸点制作工艺极为重要。在晶圆凸点制作中，金属沉积占到全部成本的 50%以上。晶圆凸点制作中最为常见的金属沉积步骤是凸点下金属化层(UBM)的沉积和凸点本身的沉积，一般通过电镀工艺实现。

图 4-27 为典型的晶圆凸点制作的工艺流程。首先在晶圆上完成 UBM 层的制作。然后沉积厚胶并曝光，为电镀焊料形成模板。电镀之后，将光刻胶去除并刻蚀掉暴露出来的 UBM 层。最后一步工艺是再流，形成焊料球。

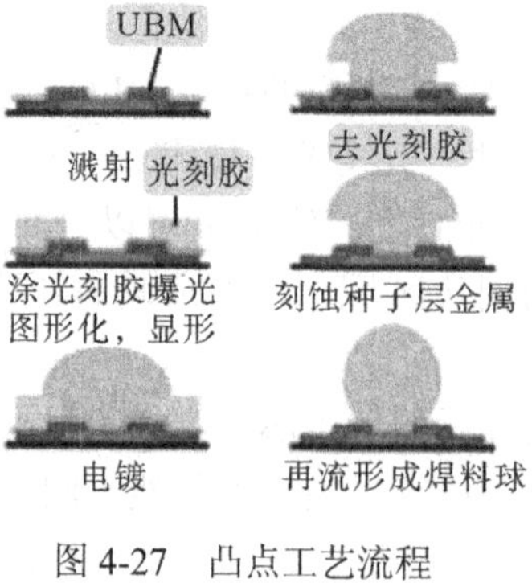

图 4-27　凸点工艺流程

2. 特点

1) WLP 的优点

WLP 的加工过程决定其具有下列优点：

(1) 封装效率高。因为 WLP 是在整个晶圆上完成封装的，可对一个或几个晶圆同时加工。在保证成品率的情况下，晶圆的直径越大，加工效率就越高，单个元器件的封装成本就越低。如直径为 300 mm (12 英寸)的硅晶圆面积是直径 200 mm (8 英寸)圆片的一倍以上，前者单个管芯的加工成本比后者低很多。

(2) WLP 具有轻、薄、短、小的优点。首先 WLP 是直接由晶圆切割分离而成的封装，不可能会有引出端横向伸展出管芯之外，因此封装所占印制板面积一定等于管芯面积，封装效率等于或接近 1(接近于 1 是因为出于可靠性的考虑，划片槽与管芯有源区的距离要比传统的引脚键合-模塑封装用芯片大)。因此晶圆级封装也称为晶圆级-芯片尺寸封装(WL-CSP)，它是 CSP 中的一种重要形式。其次，WLP 一级封装内的互连线不能使用通常的引线键合(WB)，而是直接从管芯焊盘上制作 I/O 引出端，将管芯上窄节距、密排列的焊盘再分布为封装上面阵列的 I/O 焊盘。因此，封装 I/O 引出端通常都在芯片的有源器件面，故 WLP 在印制电路板(PCB)上都采用面向下倒装焊，属于倒装芯片(FC)或倒装芯片封装(FCP)的一种。WLP 与倒装芯片在概念上的差异在于：FC 通常都是倒装焊裸芯片，它可以直接作为一级封装，如玻璃上倒装芯片(FCOG)或板上倒装芯片(FCOB)；但大多数情况下，它还需要 BGA 或 CSP 等进行一级封装。在这类封装中，管芯与基板或外壳以倒装焊方式进行互连(相对于引线键合方式)。这时的 FC 只是一些使用倒装焊互连的管芯，而不是已封装好的可独立使用的元器件。WLP 则是一级封装，虽然少数可为倒装裸芯片形式，但多数带有再分层或一级封装。WLP 具有 FCP 和 CSP 两者的优点，即封装外形小，所占 FCB 面积和芯片大小相似；封装厚度薄，只有芯片厚度加上焊凸点高度，或再加上单面的薄膜塑包封，或单面液体树脂滴封，通常高度为 0.4～1.2 mm；重量轻；外引出端引线短，使整机的封装密度较高，非常适合于目前流行的便携式电子装置的需要，如手提电脑、移动通信设备、数码相机、摄录机等。

(3) 由于 WLP 从芯片上的 I/O 焊盘到封装引出端的距离短，因此其引线电感、引线电阻等寄生参数小，而引出端焊盘又都在芯片下方，故 WLP 的电、热性能较好。

(4) 制作 WLP 的工艺技术几乎都是“早已有之”的技术，如溅射、光刻、芯片上多层布线、电镀、植球、分割等，只是需要做相应的改进，以适应这类厚胶光刻、厚膜电镀、芯片上引线再分布、窄节距植球等。

(5) WLP 符合目前表面贴装技术(SMT)的潮流。可使用当前标准的 SMT 进行二级封装，易于被二级封装用户所接受。

2) WLP 的局限性

WLP 的局限性有以下四点：

(1) 由于 WLP 的所有外引出端不能扩展到管芯之外，而只能分布在管芯有源面一侧的范围内，这就决定了这类封装外引出端不可能很多。通常采用焊凸点(或焊球)的 I/O 数为 4～100，而采用金凸点以 FC 形式直接键合的 I/O 数可为 8～400。

(2) 具体结构形式、封装工艺、支撑设备等都有待优化，所以标准化也较差，影响其更快地推广。

(3) 可靠性数据的积累尚有限，影响扩大使用。

(4) 如何进一步降低成本，仍是目前大家努力的方向。

扩展阅读：扇出型封装

在扇出型技术中，裸片直接在晶圆上封装。由于扇出型技术并不需要中介层(interposer)，因此比2.5D/3D封装器件更廉价。扇出型技术主要可以分三种类型：芯片先装/面朝下(chip-first/face-down)、芯片先装/面朝上(chip-first/face-up)和芯片后装(chip-last，有时候也被称为RDL first)。在chip-first/face-down工艺流程中，晶圆厂首先在晶圆上加工芯片，然后将晶圆移至封装厂进行芯片切割。最后，通过芯片贴装系统，再将芯片放置在临时载板上。EMC(Epoxy Mold Compound，环氧模塑料)被塑封在芯片和载板上，形成所谓的重构晶圆(reconstituted wafer)。然后，在圆形重构晶圆内形成RDL。在RDL制造流程中，先在衬底上沉积一层铜种子层，再在该结构上涂布一层光刻胶，然后利用光刻设备将其图案化。最后，电镀系统将铜金属化层沉积其中，形成最终的RDL。

任务计划

根据任务单要求、任务资讯内容以及收集整理的资料，填写表4-13所示的任务计划单。

表4-13　任务计划单

项目名称	大规模集成电路芯片封装		
任务名称	先进封装调研	建议学时	6
计划方式	分组讨论		
序号	任　务	时　间	负责人
1			
2			
3			
4			
5			
小组分工	讨论先进封装调研所涉及的环节及其主要任务，充分细化，并落实到具体的成员，在规定的时间节点进行检查		
计划评价			

任务决策

根据典型先进封装的基础知识的学习和理解，完成典型封装的结构及功能的基本了解、资料收集与整理，选取不同先进封装的芯片产品，并对其进行功能分析和特点对比，最终选择最具代表性产品撰写调研方案，填写表4-14所示的任务决策单。

表 4-14　任务决策单

项目名称	大规模集成电路芯片封装				
任务名称	先进封装调研			建议学时	6
方 案 计 划					
方案对比	序号	产品	封装类型	生产厂家	特点
评语					

任务实施

首先需要完成先进封装的资料收集任务，并将收集的资料作为调研方案的编制依据；再结合先进封装的结构、功能及典型的代表产品，编制完成“先进封装调研报告”。实施具体任务时，可以参照表 4-15 所示的步骤进行。

表 4-15　任务实施单

项目名	大规模集成电路芯片封装		
任务名称	先进封装调研	建议学时	2
计划方式	分组讨论		
序号	实 施 步 骤		
1	小组破冰讨论项目任务		
2	小组成员根据自身特点及项目需求分配任务		
3	查询并收集整理资料		
4	小组成员分析项目，选择合理的论证资料		
5	组间成员交流学习		
6	小组成员完成项目任务方案		
7	项目展示，交流学习，对比选择最优方案		
8	完成项目方案编写		
9	制作汇报 PPT，归档		
10	总结		

在任务实施过程中，可以参照表 4-16 所示的内容来进行资料的收集与整理。

表 4-16 “场景资料收集与整理”示例

行动目标	行动方式	行动成果	备　注
收集先进封装的相关资料	通过图书馆或网络查找相关资料并收集整理	各类先进封装的结构、功能和代表产品等	课前独立完成

在任务实施过程中，重要的工作内容可以参照表 4-17 所示的内容。

表 4-17 “先进封装调研报告”示例

项目名称	大规模集成电路芯片封装					
任务名称	先进封装调研					
封装种类	分类	材料	结构	该封装技术的优缺点		应用及举例
				优点	缺点	
(表格可添加)						
封装工艺流程						
封装类型	工　艺　流　程					
(表格可添加)						

任务检查与评价

完成任务实施后，可采用小组互评等方式进行任务检查，具体检查内容如表 4-18 所示。

表4-18　任务评价单

项目名称	大规模集成电路芯片封装				
任务名称	先进封装调研				
考核方式	过程考核				
说　明	主要评价成员在项目实施过程中的操作方式、理论知识、学习态度、课堂表现、学习能力等其他能力				

考核内容与评价标准

序号	内容	评价标准			成绩比例/(%)	自评分
		优	良	合格		
1	基本理论掌握	掌握CSP、FC、MCM、3D、WLP封装的基本结构、功能特点和应用场景	掌握CSP、FC、MCM、3D、WLP封装的基本结构，了解CSP、FC、MCM、3D、WLP封装的功能特点和应用场景	掌握CSP、FC、MCM、3D、WLP封装的基本结构，了解CSP、FC、MCM、3D、WLP封装的功能特点，了解CSP、FC、MCM、3D、WLP封装应用场景	30	
2	实践操作技能	熟练使用各种查询工具搜集和查阅先进封装工艺相关资料，快速准确分析项目任务，科学合理地进行调研方案可行性分析与调研方案论证，编写的调研报告较规范	较熟练使用各种查询工具搜集和查阅先进封装工艺相关资料，准确分析调研任务并结合调研任务需要完成调研方案论证，编写的调研报告较规范	会使用各种查询工具搜集和查阅先进封装工艺相关资料，能根据调研任务需求并参与调研	30	
3	职业核心能力	具有良好的自主学习能力和分析解决问题的能力	具有较好的学习能力和分析解决问题的能力	能够主动学习并收集信息，具备一定的分析解决问题的能力	10	
4	工作作风与职业道德	具有严谨的科学态度和工匠精神，能够严格遵守“6S”管理制度	具有良好的科学态度和工匠精神，能够自觉遵守“6S”管理制度	具有较好的科学态度和工匠精神，能够遵守“6S”管理制度	10	
5	小组评价	具有良好的团队合作精神及沟通交流的能力，热心帮助小组其他成员	具有较好的团队合作精神和与人交流的能力，能帮助小组其他成员	具有一定的团队合作能力，能配合小组完成项目任务	10	
6	教师评价	包括以上所有内容	包括以上所有内容	包括以上所有内容	10	
合　计					100	

教学反馈

任务结束后，可采用分组方式进行教学评价，具体内容如表 4-19 所示。

表 4-19　教学反馈单

项目名称	大规模集成电路芯片封装		
任务名称	先进封装调研	建议学时	6
序　号	调 查 内 容	是/否	反馈意见
1	知识点是否讲解清楚		
2	解答是否及时		
3	重难点是否突出		
4	课堂组织是否合理		
5	逻辑是否清晰		
本次任务的兴趣点			
本次任务的成就点			
本次任务的疑虑点			

参 考 文 献

[1] 李可为．集成电路芯片封装技术[M]．北京：电子工业出版社，2007．

[2] 杜中一．电子制造与封装[M]．北京：电子工业出版社，2010．

[3] 李国良，刘帆．微电子器件封装与测试技术[M]．北京：清华大学出版社，2018．

[4] 胡永达，李元勋，杨邦朝．集成电路封装技术[M]．北京：科学出版社，2015．

[5] 毛忠宇，潘计划，袁正红．IC 封装基础与工程设计实例[M]．北京：电子工业出版社，2014．

[6] 吕坤颐，刘新，牟洪江．集成电路封装与测试[M]．北京：机械工业出版社，2019．